番禺神楼

广东民间工艺博物馆 编著

黄海妍 主编

创于1897

商务印书馆

The Commercial Press

門
禹

番禺神楼

清代

长五米七
宽五米
高五米
二十六平方米

广东民间工艺博物馆馆藏

目 录

概述

广东民间工艺博物馆收藏的来自广州番禺石楼的神楼是反映清代番禺岗尾社十八乡一年一度“洪圣王出会”神诞活动的珍贵实物。神楼体量巨大，长 5.7 米、宽 5 米、高 5 米，占地面积约 26 平方米，由大约 160 件木构件构成，整体呈宫殿式布局，结构完整。神楼的制作年份、赞助人和店号等信息明确，有助于我们了解神楼的制作、神诞活动的组织等情况，具有较高的历史价值；神楼采用多种雕刻工艺，髹漆贴金而成，造工精湛、工艺精美，反映了清末广州地区金木雕工艺的水平，有很高的文物价值；神楼的金漆木雕和彩绘装饰取材自吉祥如意图案、戏曲故事和民间传说，反映了清末民间艺术的审美情趣和价值取向，具有很高的艺术价值。

本书分为两个部分，力求从不同角度全方位呈现神楼的艺术价值与历史文化内涵。“神楼金韵”篇围绕神楼的文物与艺术价值，利用图片以及三维激光扫描的成果，解读

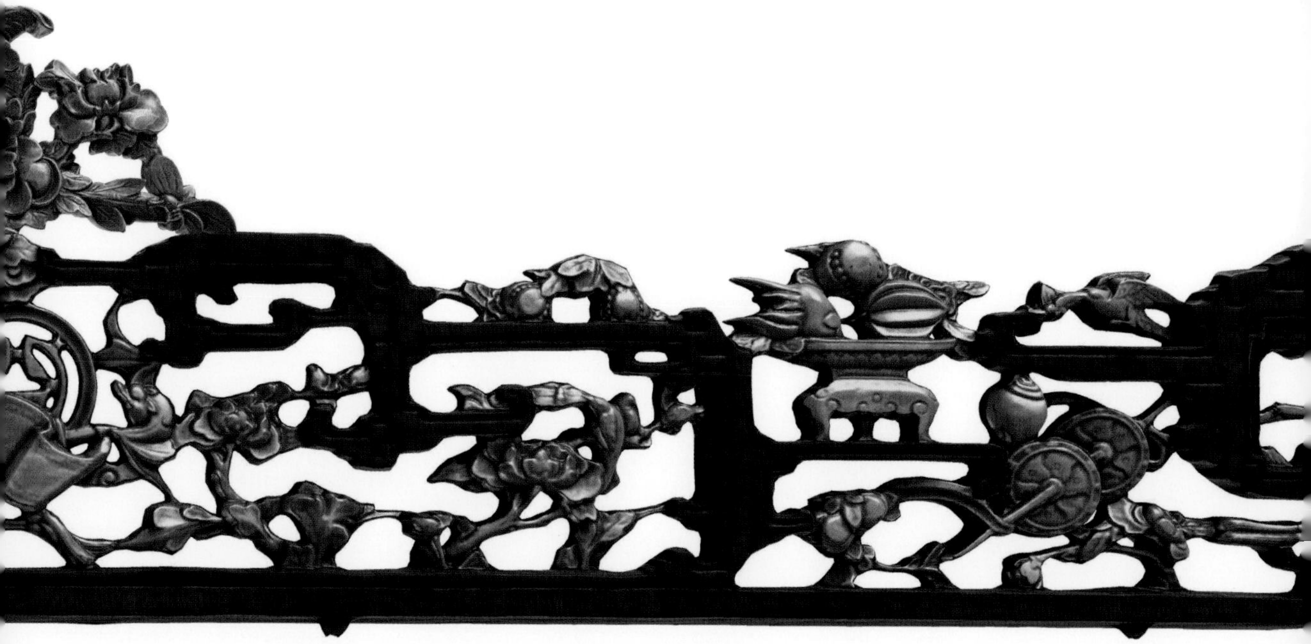

神楼的结构、制作工艺、纹饰意义等。“探索与保护”篇辑录了五篇文章，《清代番禺的南海神洪圣王崇拜》《番禺冈尾社十八乡“洪圣王出会”活动》关注与分析神楼的历史价值，利用历史材料和田野调查的成果，解读神楼背后的社会历史及其与清代珠江三角洲洪圣王崇拜的关系。《神楼的发现、修复和展览》《从艰难保护到科学保护》《神楼的数字化保护》反映广东民间工艺博物馆建馆六十年来保护与利用神楼的艰难曲折的历程，即，从神楼的发现、修复到向公众展示；从过去艰难保存文物，到如今充分利用科学技术与数字化手段进行全面保护；从文化遗产保护的视角，利用文献、调查中获得的口述成果及相关馆藏档案记录等过程。本书既是向广大公众呈现神楼价值的学术研究成果，更是广东民间工艺博物馆充分保护和利用神楼、“让文物活起来”的见证。期望读者能从本书中看到几代文物工作者为保护这座神楼所做出的努力！

神楼金韵

番禺神楼犹如一座实际生活中的木结构建筑，体量巨大，气势恢宏，蔚为壮观。它借鉴广州传统建筑的平面和立面布局及搭建方式，宛如一间缩小版的“宫殿”，反映了清末民初广州地区迎神赛会使用的神功用品的制作工艺，尤其是金木雕装饰工艺已有相当高的水平，不仅工艺精湛而且文化内涵丰富。为考察清末珠江三角洲传统建筑的形制、布局、结构和金木雕装饰工艺提供了有力的实物佐证。

番禺神楼的主要支撑结构使用泰国柚木，其他部位以老杉木为主。整座神楼由约 160 个大小构件组成，整体采用金木雕工艺，运用了圆雕、镂通雕、高浮雕和浅浮雕等多种雕刻工艺，雕工雄浑，造型生动，线条流畅，让人过目不忘，具有较高的文物和艺术价值。

从下至上可分为台基、屋身和屋顶三个部分。

左右宽约 5 米

前后长约 5.7 米

上下高约 5 米

底面面积约 26 平方米

体积达 110 立方米

番禺神楼，

花纹雕刻繁复精美，金碧辉煌，极具视觉冲击力；

气势蔚然，造型生动，线条流畅，让人过目不忘；

文化内涵丰富，具有历史研究与文物保护价值。

台基部分

神楼台基是神楼的基础部分，分为上中下三层，整体呈“T”字形布局，自前往后逐层升高。主要作用是支撑来自神楼上部结构的重力，保持神楼的稳定。

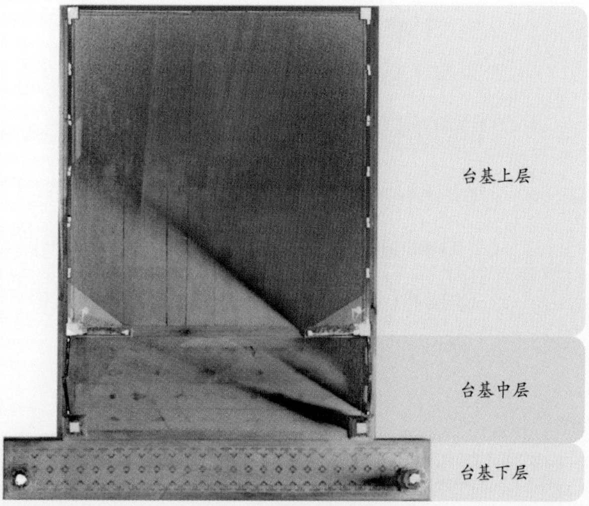

台基下层稍宽处为神楼主台阶，单级，面阔 4.99 米，进深 0.68 米，厚 0.85 米，由两块杉木板拼接而成，四边杉木板围边装饰，台阶上表面左右末端各有长方形的孔洞，用于连接固定神楼正面龙柱底部的榫头，支撑来自龙柱上部结构的重量。

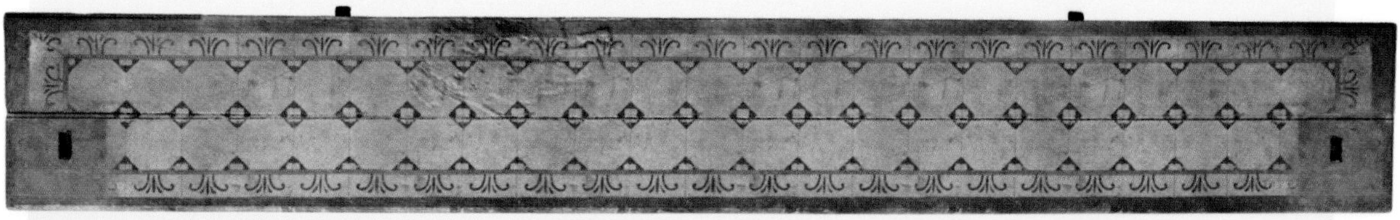

台基下层木地板

尺寸：长 499 cm× 宽 68 cm× 厚 8.5 cm

此木地板花纹是仿水泥花阶砖图案，水泥花阶砖源于第一次世界大战前后的欧洲，一般为边长 20 厘米的正方形，款色多样、色彩鲜艳，可以组合各种几何图案，是当时的建筑装饰潮流。

台基中层为神楼的檐廊地面，面阔 3.57 米，进深 1.14 米，比主台阶提升一级，总高 0.14 米，由四块杉木板和三条方形泰国柚木围边组成，上表面前端左右两侧末端也开有长方形的孔洞两个，用于连接固定神楼正面人物柱底部的榫头，支撑来自人物柱上部结构的重量。

神楼檐廊位置示意图

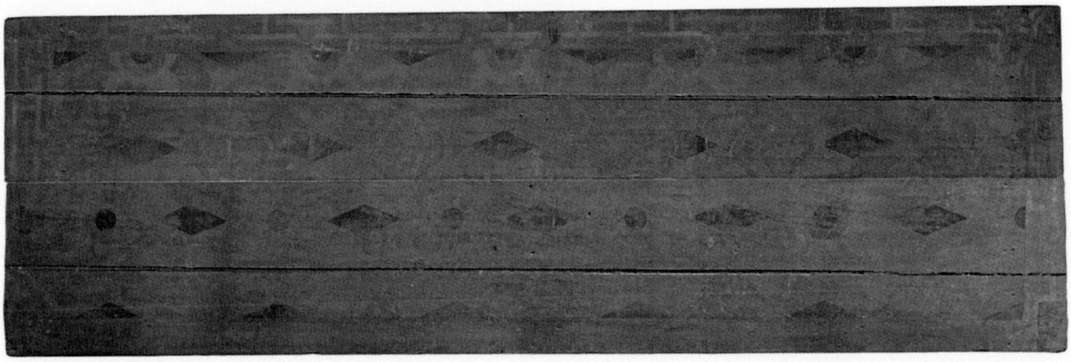

檐廊木地板

尺寸：长 334 cm× 宽 107 cm× 厚 2.5 cm

这部分檐廊木地板由两块单独的木板拼接而成，花纹仿水泥花阶砖，以红色万字符、黑色菱形、绿色环形符号交替出现，四边用不同颜色的线段组合封边，样式独特、图案鲜明、色彩多变，极具异域风情。

台基上层为神楼的室内地面，面阔 3.57 米，进深 3.72 米，比檐廊地面再提升一级，总高 0.21 米，面铺 12 块杉木板，杉木板下方有四条竖向杉木条垫高，四边有泰国柚木方条围边。杉木地面画有 45 度“田”字形斜线，具有岭南传统建筑大阶砖地面的效果。

屋身部分

神楼的屋身位于台基的上方，分为前后两部分。前半部分是神楼的立柱和檐廊，也是神楼正立面建筑装饰的核心，总高 5 米，总宽 4.93 米，左右对称，在建筑结构上采用大体量的梁、柱、花板、雀替、山花、花罩等构件，雕刻极其繁复和精美。整个正立面金碧辉煌，极具视觉冲击力。

神楼正立面构件解读

位于檐廊最前方、固定在台基下层两侧的是两根圆柱形龙柱，高 314 厘米，直径 22 厘米，最宽处（雕龙头位置）34 厘米，表面浮雕“鱼跃龙门”故事；下方连接六角花盆型柱础，六角型的各个立面分别雕刻人物、动物、花卉故事；龙柱上部通过压顶过梁和花板等连接构件（连接构件自上而下分别是半圆形山花、雕人物木构件、压顶过梁、雕日月神花板、小过梁、雀替）与台基中层的人物柱连成一体，结构稳定又不失立体美感。

雕『鱼跃龙门』龙柱

尺寸：长 314 cm × 宽 34 cm × 直径 22 cm

神楼的结构构件如龙柱、人物柱、压顶过梁、横眉等因为承重的需要，不能轻易地减轻其重量和受力面积，多采用圆雕和浅浮雕工艺。

两根龙柱立于神楼东西两侧，圆柱通体雕有缠柱云龙，柱上盘龙活灵活现，十分生动。龙柱下部雕刻有『禹门』二字，『禹门』又称龙门，黄河到此处，出峡谷由北向南，直泻而下，水浪起伏，如山如沸，传说唯『神龙』可越，故名龙门。据《水经注》载：『龙门为禹所凿，广八十步，岩际镌迹尚存。』后人怀念禹的功德，称为禹门。『禹门』下雕刻着一条鱼栩栩如生，每年春季有鲤鱼数千赴龙门，争相跳跃，越过者为龙，不能越者则为鱼，以此来比喻中举、升官等飞黄腾达之事，也有逆流前进，奋发向上的意味。

雕『鱼跃龙门』龙柱背面（西侧）

雕『鱼跃龙门』龙柱正面（西侧）

雕“鱼跃龙门”龙柱正面（东侧）

雕“鱼跃龙门”龙柱背面（东侧）

雕『鱼跃龙门』龙柱柱础（西侧）

尺寸：长 40 cm × 宽 34 cm × 高 33 cm

这两件雕『鱼跃龙门』龙柱柱础分别位于神楼的东西两侧，中间主体部位分为六面，雕刻有人物、花果、珍禽异兽。

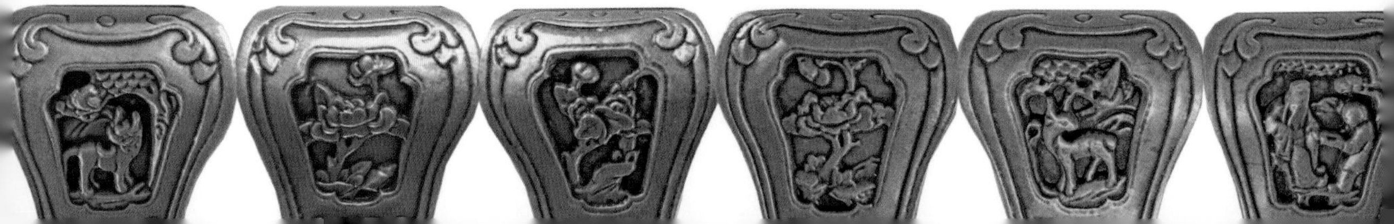

雕『鱼跃龙门』龙柱柱础（东侧）

尺寸：长 40 cm × 宽 34 cm × 高 33 cm

柱础的形式随着年代不断变化，早期以圆柱形及圆鼓形为主，表面施以简单花纹或线条；到后期，柱础的形式变化丰富，有扁圆形、莲瓣形、方形等。纹饰也更加多样，有花鸟、动物、吉祥图案以及反映风土民情等题材。

雕『风尘三侠』木构件（西侧）

尺寸：长59 cm×宽63 cm×厚6 cm

此木构件中间图案刻画了『风尘三侠』的故事。《风尘三侠》是戏曲传统剧目，取材于唐传奇小说《虬髯客传》及明传奇《红拂记》等，主要写隋杨素之执拂歌妓张凌华倾慕李靖，夜盗令箭奔李偕逃，途中遇虬髯客，意气相投。后虬髯客见李靖英俊有为，自知不能与之争天下，遂将家资尽赠李靖夫妇，飘然远去。图中为李靖（中）、红拂（右）送别虬髯客（左）的场景。

雕人物故事木构件（东侧）

尺寸：长 59 cm × 宽 63 cm × 厚 6 cm

雕人物故事木构件置于雕人物故事柱和雕『鱼跃龙门』龙柱之间，神楼东西两侧各有一块，外形类似，木构件呈半圆形状，用镂雕的形式刻画出栩栩如生的人物故事图，图中两个人物在亭台内谈论诗书，远处牧童在牛背上吹笛，图案外框以宝瓶、雷震子、铜钱、花边和鳌鱼装饰，寓意祥瑞。

（西侧）

（东侧）

雕『笑狮罗汉』木构件

尺寸：长 36 cm × 宽 34 cm × 厚 15 cm

雕『笑狮罗汉』木构件中罗汉魁梧威严，俯视下方，狮子顺服地趴在跟前。伐阇罗弗多罗——笑狮罗汉，是佛教十八罗汉的第八位。据说，由于他从不杀生，广绩善缘，故此一生无病无痛，而且有五种不死的福力，故又称他为『金刚子』，深受人们的赞美、尊敬。尊者经常将小狮子带在身边，所以世人称他为『笑狮罗汉』。

（西侧）

（东侧）

雕菠萝木构件

尺寸：长 18 cm × 宽 17 cm × 厚 6 cm

神楼上的菠萝木构件表达了兴旺发财的美好寓意。菠萝是热带水果之一，福建和台湾地区称之为『旺梨』或者『旺来』，意味着财源旺来、兴旺常来。据说菠萝一名的起源与波罗密（蜜）有关，汉语中波罗密（蜜）一词亦为佛教用语，指到达彼岸。

雕花果压顶过梁

尺寸：长 100 cm × 宽 21 cm × 厚 30 cm

承接上方横眉，将重量分摊到神楼正门两旁廊柱上，称为压顶过梁。此构件主要承受门洞上方荷载，表面雕刻花边、石榴、杨桃等花果题材，既有吉祥美好祝愿，又富有生活气息。

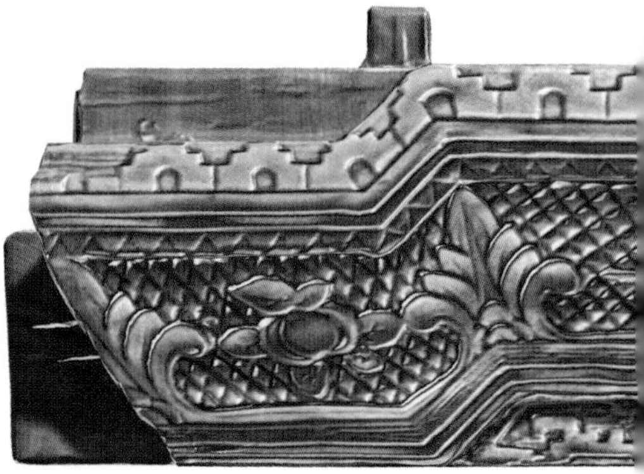

（西侧）

（东侧）

雕『月神』花板

尺寸：长 65 cm × 宽 38 cm × 厚 4 cm

月神是中国民间流传最广的神仙之一，又叫月光娘娘、太阴星君、月姑、月亮嬷嬷等。中国民间对月神的崇拜由来已久，在世界各国也很普遍，这都是源于原始信仰中的天体崇拜。

（西侧）

雕『日神』花板

尺寸：长 66 cm × 宽 37 cm × 厚 5 cm

木雕花板广泛应用于古建筑、旧家具上。花板线条简洁、流畅，风格古拙，表面很少油漆，基本以本色木质纹理为主，古朴而文雅。这两件花板分别雕刻日神月神。日神，又称太阳神，中国的日神又名羲和、炎帝神农、日主、东王公和太阳星君。

（东侧）

雕鱼纹花板

尺寸：长 60 cm × 宽 17 cm × 厚 4 cm

雕鱼纹花板位于雕日神花板、雕月神花板下方，东西两侧各有一块，连接雕人物故事柱和雕『鱼跃龙门』龙柱，花板用鱼纹、铜钱、石榴装饰。『鲤』与『利』音似，有渔翁得利寓意，另有鲤鱼跳龙门之意；『鱼』与『余』谐音，所以鱼象征富余丰收；铜钱代表财富；石榴多子，有繁衍后代、多子多福的意义。故花板图案寓意富余、财富、多子多福。

（西侧）

（东侧）

雕『刘海戏蟾』雀替

尺寸：长 40 cm × 宽 18 cm × 厚 4 cm

这四件雀替两两一组，分别位于神楼东西两侧雕人物故事柱和雕『鱼跃龙门』龙柱之间。雀替，又称角替，是传统建筑中，位于檐下、柱头与梁枋交搭处的建筑构件，具有支撑和装饰两种功能。宋代以前，雀替基本上是拱形替木，有两种基本形式：楔头雀替和蝉肚雀替。明以后逐渐运用雕刻工艺，但主要是卷草纹样，造型也相对单一。到清代，雀替已成为一种风格独特的构件。清式雀替做法是做半榫插入柱子，上侧楔置在额枋底面，上面雕饰花草、鸟兽以及人物等装饰，装饰作用也由此替代最初的实用功能。雕刻『刘海戏蟾』图，刘海戏蟾，是我国民间广为流传的故事之一，有财源兴旺、幸福美满、驱邪避恶的寓意，传说中的主人翁据说是一个叫刘操的人，道号海蟾子，广陵人，曾做过燕王刘守光的丞相，后从汉钟离、吕洞宾学道成仙，被尊为全真道北五祖之一。民间视其为福神、财神，并传有『刘海戏金蟾，步步钓金钱』之说。宋代柳永《巫山一段云》中也有『贪看海蟾狂戏，不道九关齐闭』的句子，可见这故事雅俗共赏，为人们所喜闻乐见。

（西侧）

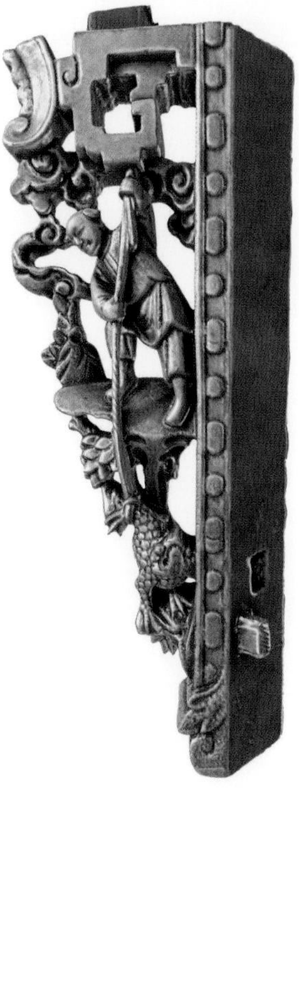

（东侧）

東中西龍樓社敬送

宣統元年歲次己酉

台基中层的两侧是人物柱，位于龙柱的内侧，为方形柱，总高408厘米，长和宽均为22厘米，表面浮雕有多组戏剧故事。下方连接四角花盆型柱础，各个立面分别雕刻人物、动物、花卉故事；两根人物柱的顶部通过大型压顶过梁连接，压顶过梁长达414厘米，下方大型花罩雕刻有“郭子仪祝寿”的故事，是正立面装饰的中心。

雕人物故事柱背面

尺寸：长 408cm × 宽 22cm × 直径 22cm

雕人物故事柱共有两件，人物柱用浮雕的雕刻手法，浮雕又称阳雕，所雕图案纹饰凹凸起伏于木料平面，并有地之作衬托，当中又有浅浮、中浮及高浮之分。

雕人物故事柱背面（西侧）

雕人物故事柱东面（西侧）

雕人物故事柱正面（西侧）

雕人物故事柱西面（西侧）

柱上雕刻着多种人物故事图，两件人物故事柱的下部、中部到上部分别雕刻着《夜斩龙沮》《摩天岭》《刘备招亲》《蛇盘寨》《九焰山》《西厢记·惊艳》《连环计·小宴》等戏剧故事。人物柱侧面还刻有『宣统元年』『何秉记作』等字样，有助于对神楼制作、神诞活动的了解，具有史料价值。

雕人物故事柱背面（东侧）

雕人物故事柱正面（东侧）

雕人物故事柱东面（东侧）

雕人物故事柱西面（东侧）

夜斩龙沮

粤剧有此剧目，演楚汉故事，韩信被汉封为灭楚将军，帅军攻楚，斩樊哙马足以立威信，并设计水淹楚国龙沮大军，夜斩龙沮，终至楚国被灭，霸王自刎。木雕中『将台』二字下所坐之人为韩信，『大元帅樊』旗下骑马之将军应为樊哙，『先锋龙』旗下骑马之将军应为龙沮。木雕中另有『夜斩龙追』四字，『追』应为『沮』之讹。

雕人物故事柱正面（东侧）

摩天岭

薛仁贵挂帅，领兵进攻摩天岭。守将猩猩胆等恃山路险要，又复勇悍，薛不能破，乃乔装士卒入山，遇卖弓之毛子贞，杀之，冒充其子，得会周文、周武结拜。夜间说服二人以为内应，箭伤猩猩胆，杀红幔幔，打破摩天岭。

木雕中最下一图所刻，应为薛仁贵杀卖弓之老者毛子贞、夺其车而冒其子的情节。其上一幅似为薛仁贵遇周文、周武兄弟情节。再上一幅中间头上插翎之人似为红幔幔。再上一幅，背景建筑上写有『摩天岭』三字，中间座者为猩猩胆，其后二人为协助薛仁贵的周文、周武，其前正在打斗的二人可能是戎装后的薛仁贵与红幔幔。

雕人物故事柱东面（东侧）

雕人物故事柱背面（东侧）

蛇盘寨

北宋末年，金兵入侵，汴京沦陷，赖韩世忠岳飞等，保康王建都杭州，才支持了半壁河山，与金对抗。当时义军蜂起，洞庭湖杨幺霸据蛇盘寨，即属其中之一。幺势力日强，命将攻陷檀州，并分兵姚家庄夺粮。有伍尚志者，乃庄主姚万年护院，知力难胜幺，保姚全家逃走。在战乱中冲散，尚志被擒降幺，姚全家被杀、仅女赛花为幺收为义女而得幸生存。康王为王朝延续计，命岳飞挂帅，征剿杨幺。但以地势险恶，未易攻克。幺部下首领王佐与飞有旧，飞设宴延佐至营叙旧。幺疑佐有异心，迫佐请飞上山赴宴，埋伏以待。佐以飞大丈夫光明磊落之行，且复为飞预防脱险，愤而以山中详图赠飞，背幺离去。飞按图攻入后寨，虽生擒幺父而归，但为伍尚志火牛击退。幺见伍英勇善战，即以姚赛花配之。洞房之夕，姚见伍乃旧日护院，特将忍辱伺机报仇心志告伍，并劝伍弃暗投明。伍因力微势孤为虑。姚原为飞表妹，请伍持书见飞，定下内应外合之计，飞果大破水寨，幺亦战死。

蛇盘寨木雕中，最上方坐者为岳飞，武将装扮，戴雉尾；其下一层，右一戴手铐者为被擒的杨幺，着布长袍，杨幺身边站立之人可能为岳飞的部将牛皋；其他人物可能还包括伍尚志、王佐、韩世忠等。

雕人物故事柱东面（东侧）

刘备招亲

事见《三国演义》。刘备借占东吴荆州不还，周瑜设计，假称将吴主孙权妹孙尚香嫁与刘备，招备至吴，实欲逼其交还荆州。刘备用诸葛亮锦囊妙计，弄假成真，不但娶了孙夫人，还与之共同离开东吴，返回本界，使周瑜『赔了夫人又折兵』。图中人物，上图坐者为周瑜，下图中车上女子为孙夫人，侍立者为刘备。上图中城山所写『柴桑』，东吴地名，为周瑜的驻军之地。此故事在戏曲舞台上颇为盛演，明代有传奇《锦囊记》，后成为许多剧种的保留剧目，例如京剧有《甘露寺》《美人计》《龙凤呈祥》，秦腔和汉剧有《回荆州》，粤剧有《刘备过江招亲》，等等。

雕人物故事柱正面（西侧）

九焰山

出自《薛刚反唐》，薛刚占据九焰山对抗武氏，保庐陵王，想要恢复李姓天下。『九焰山』三字下端坐者为薛刚，两位骑马交战者身后各一旗，分书写有『驸马薛』和『将军白』，可知二人分别为薛刚的侄儿、庐陵王的驸马薛姣，以及前来征讨的白守云之子白文豹。

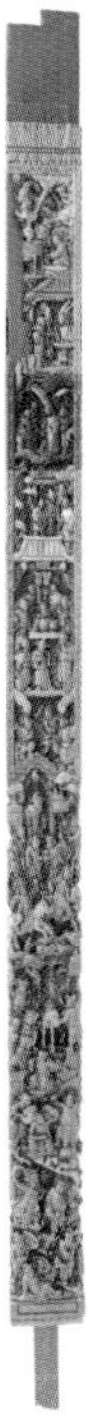

雕人物故事柱正面（西侧）

西厢记·惊艳

据述张生在普救寺相遇相国小姐崔莺莺，一见钟情，而无计亲近。恰遇叛将孙飞虎率兵围寺，要强索莺莺为压寨夫人；张生在崔母亲口许婚下，依靠友人白马将军的帮助，解除了危难。不料崔母却食言赖婚，张生相思成疾。莺莺心爱张生而不愿正面表白；几经波折，在红娘的帮助下，莺莺终于至张生住处私会。崔母觉察迹象，拷问红娘，反被红娘几句话点中要害，勉强答应了婚事，却又以门第为由，令张生立即上京应试。十里长亭送别之后，张生到京考中状元；而郑恒借机编造谎言，说张生已在京另娶，老夫人又一次赖婚，要莺莺嫁于郑恒。后张生赶来，郑恒撞死，崔、张完婚。

木雕中为《惊艳》一折，演张生与莺莺佛寺偶遇，互生好感。右二持扇青年男子为张生，左二女子为崔莺莺，左一为莺莺的侍女红娘，右一为和尚法聪。

雕人物故事柱正面（西侧）

连环计·小宴

《连环计》又名《凤仪亭》，演述司徒王允因董卓专权，又仗吕布为虎伥，心内忧烦，见歌姬貂蝉亦有忧国之意，乃定『连环计』，先将貂蝉诈作己女，许婚吕布，又献与董卓，使二人猜忌，以图董卓。木雕中为《小宴》一出，其中头插翎坐饮酒者为吕布，中间长髯老者为王允，左一女子为貂蝉。

雕人物故事柱柱础（西侧）

尺寸：长 28 cm × 宽 28 cm × 高 28 cm

这两件柱础可拆分成础顶、础身、础基三个部分，使用花卉纹装饰，础身部分四面浮雕植物、人物、瑞兽等题材，线条优美，造型大方。

雕人物故事柱柱础（东侧）

尺寸：长 28 cm × 宽 28 cm × 高 28 cm

柱础是中国古建筑构件的一种，俗称磉盘，或柱础石，是承受屋柱压力的垫基石。古人为使落地屋柱不潮湿腐烂，在柱脚上添上一块石墩，使柱脚与地坪隔离，起到绝对的防潮作用；同时，又加强柱基的承压力。

禹門

| 雕“双龙戏珠”和“宝相花”横眉

尺寸：长 448 cm× 宽 90 cm× 厚 22cm

此横眉由三块柚木竖向拼接而成，总长 4.48 米，高 0.9 米，厚 0.22 米，通过榫卯连接下端的压顶过梁，是神楼正立面的视觉焦点。整体运用通雕技法，通雕又称透雕，是吸收沉雕、浮雕、圆雕和绘画的长处融合变通而成，物像形体作多层次布局，物像之外的部位通体穿透。横眉上雕刻“双龙戏珠”故事，双龙大气磅礴，遒劲有力，自两边祥云游走向正中的火珠，寓意吉祥如意。火珠上方雕刻有卷草纹和宝相花，寓意锦上添花。

龙是祥瑞的化身，常作为纹饰装饰在建筑上。宝相花又称宝仙花、宝莲花，是传统吉祥纹样，是吉祥三宝之一，盛行于中国隋唐时期。相传它是一种寓有“宝”“仙”之意的装饰图案，一般以某种花卉（如牡丹、莲花）为主体，中间镶嵌着形状不同、大小粗细有别的其他花叶。在花芯和花瓣基部，用圆珠作规则排列，像闪闪发光的宝珠，加以多层次退晕色，显得富丽、珍贵，故名“宝相花”，在金银器、敦煌图案、石刻、织物、刺绣上常见有这种纹饰。

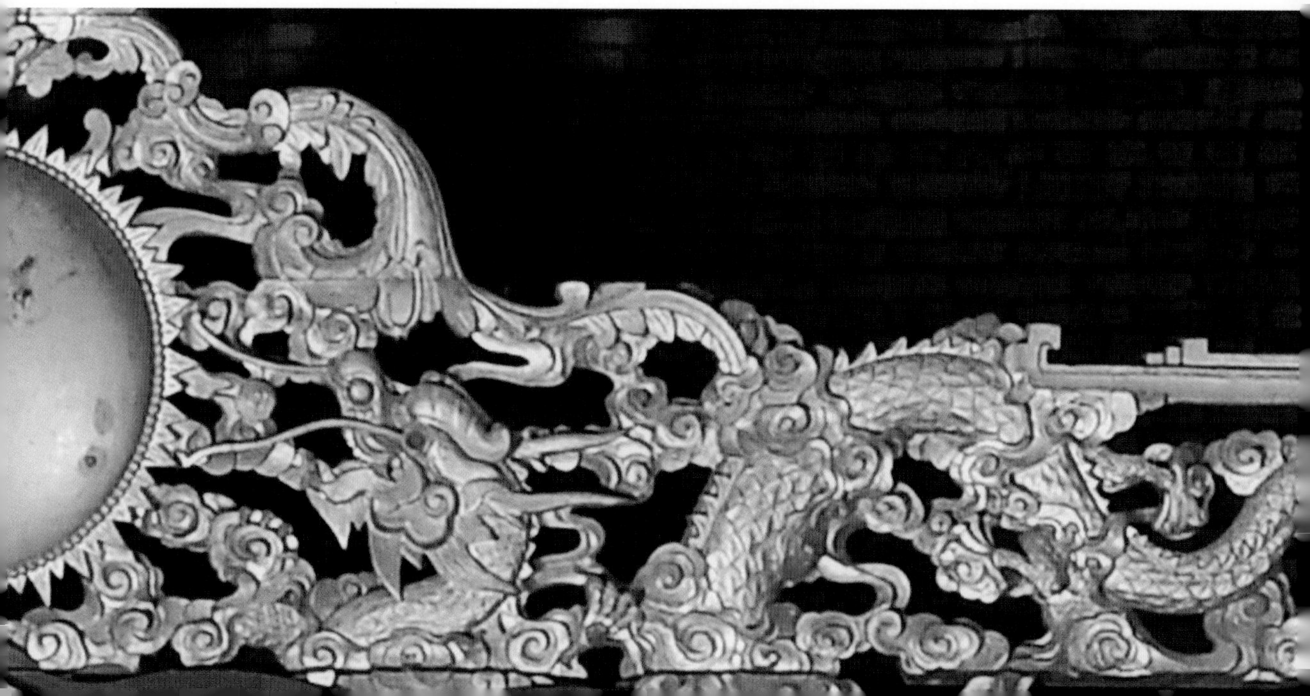

雕花果压顶过梁

尺寸：长 414cm × 宽 45 cm × 厚 14cm

该件压顶过梁采用一块柚木制作而成，中间以花卉纹做主体装饰，两端上方各用圆雕工艺雕刻鳌鱼和蝙蝠一只，花卉纹下方的人物、建筑是雕“郭子仪祝寿”拱顶的部分图案。鳌鱼寓意独占鳌头，鱼跃龙门；两侧的蝙蝠在祥云间飞翔，寓意双福临门，福到家门。

过梁主体采用上下横线和圆拱围合的方式，在视觉上突出和聚焦中间的花卉和瓜果浅浮雕，并以卷草纹分隔，造型简练而又生动流畅。

雕『郭子仪祝寿』拱顶上半部分（照片）

尺寸：长 320 cm × 宽 44 cm × 厚 14cm

拱顶多位于穹窿状覆盖物的顶部，此拱顶运用通雕技法，其上雕刻着『郭子仪祝寿』图，『郭子仪祝寿』是民间颇为流行的寓意光耀门庭的吉祥图案。郭子仪是唐代四朝元老，戎马一生，屡建奇功，相传其有七子八婿，均在朝为官，其中一子还是当朝驸马。每逢寿辰，七子八婿均携子来贺，真可谓官高位显，子孙满堂。工匠将此场景雕刻出来，以祈盼富贵长寿、子嗣兴旺。

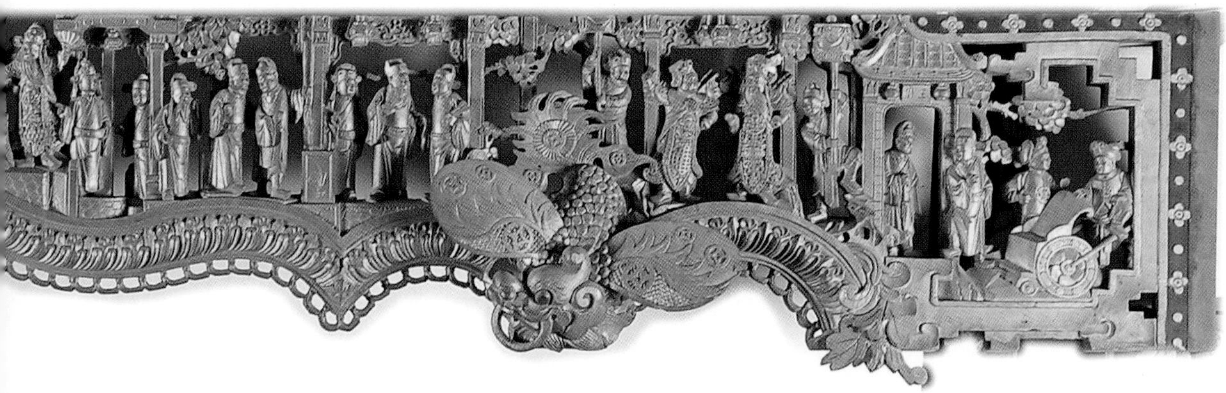

雕『郭子仪祝寿』拱顶（下半部分）

尺寸：长 140 cm × 宽 46 cm × 厚 4cm

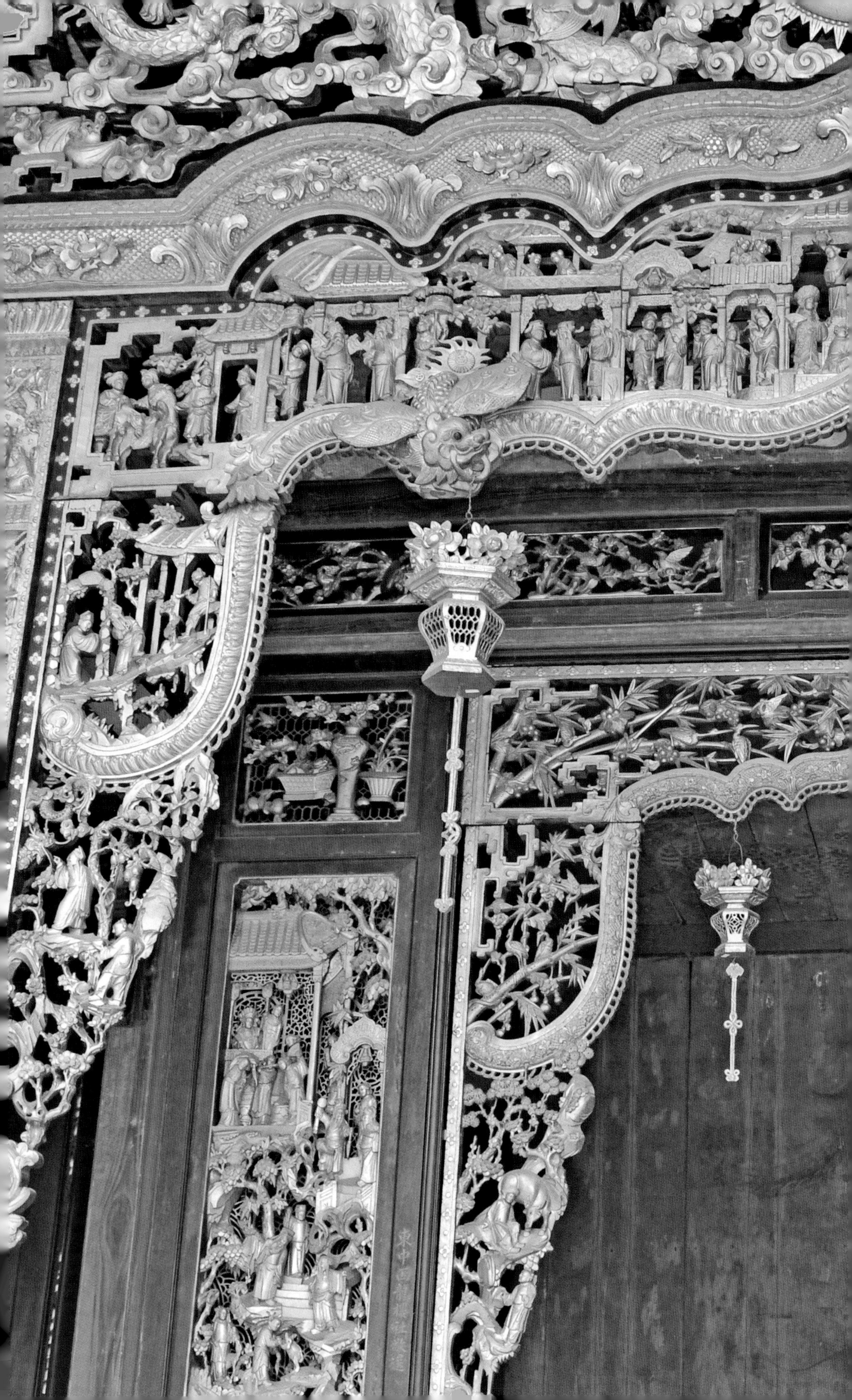

花篮

尺寸：长 68 cm × 宽 24cm

神楼共有四件花篮，这两件花篮挂于雕『郭子仪祝寿』拱顶之下，花篮上部镶嵌花朵惟妙惟肖，花篮下部坠有结穗，使整个花篮活灵活现。

人物柱与屋身后半部的正厅之间，是神楼的檐廊部分，位于台基中层上方，面阔 3.57 米，进深 1.14 米，净空 4.3 米。檐廊的结构参考了广府传统建筑卷棚檐廊的构造设置，前方的人物柱起到了檐柱的作用，左右两侧各配有广府传统建筑常见的玲珑矮脚门，是管理人员进出神楼的主要通道。玲珑脚门上方的木隔板相当于卷棚的梁架，卷棚天花使用三块带有彩绘图案的杉木板拼接，形成卷棚的屋面。

正厅正面屏门及花板

尺寸：长 331 cm × 宽 59 × 厚 6 cm

神楼的屏门、脚门、花板等分隔和装饰构件，主要起空间分隔和装饰的作用，多采用双面镂通雕、高浮雕的工艺，呈现出精雕细琢的刀工。这些装饰取材自吉祥如意图案、戏曲故事和民间传说，反映了清末民间艺术的审美观和价值取向。

这两件屏门用镂雕的手法，纹饰繁复，十分精美。此屏门分额板、隔心、绦环板、裙板等部分，刻画有『八仙贺寿』『渔樵耕读』『哪吒闹海』『刘备招亲』等人物故事，屏门中间刻有『东中西龙楼社敬送』『宣统元年岁次己酉』题字，透露了神楼的赞助人和制作年代的信息。

雕『岁朝清供』额板

尺寸：长 49cm × 宽 40cm × 厚 7 cm

『岁朝清供』图作为古代宫廷春节一种重要的绘画题材，不仅宫廷画师们要按时呈交『年例画』，擅长绘画的皇亲、大臣也常常以绘画的形式向皇帝恭贺新春。有时皇帝也会亲自绘制『岁朝图』表达新年的祝福。『岁朝清供』图一般分为两种：一是描绘辞旧迎新的庆贺、祝拜场景；二是以蔬果、文房等入画，赋予其吉祥寓意与文化内涵。清供有两层意思，一指清雅的供品，如松、竹、梅、鲜花、香火和食物；二是指古器物，盆景等供玩赏的东西，如文房清供、书斋清供和案头清供。清供发源于佛像前之插花，最早为香花蔬果，后来渐渐发展成为包括金石、书画、古器、盆景在内的一切可供案头赏玩的文物雅品。清供图始于秦汉盛于明清，是文人画的固定题材之一。

雕『八仙贺寿』隔心

尺寸：长 125cm × 宽 48.5 cm × 厚 8.5 cm

『八仙贺寿』图中雕刻了铁拐李、汉钟离、吕洞宾、张果老、曹国舅、韩湘子、蓝采和、何仙姑八位仙人到瑶池给王母贺寿，众仙会集松柏台上，仰望云间，口颂祝词。此图常在寿庆场合使用，图中的松柏寿石、仙禽蟠桃、祥云瑞霭等景物，在传统民俗文化里也都有祝寿的涵义。

一雕『长生殿·闻乐』隔心

尺寸：长 125cm × 宽 48.5 cm × 厚 8.5 cm

剧述杨玉环梦中被月中仙子邀请到月宫，听到《霓裳羽衣》之曲。木雕中所刻为月宫中情景。『月殿』二字下方之人应为杨玉环，其庭前为正在演奏与舞蹈的仙女。

雕「哪吒闹海」绦环板

尺寸：长 49cm × 宽 33cm × 厚 7 cm

『哪吒闹海』故事见《封神演义》第十二至十四回。讲述陈塘关总兵李靖第三子哪吒，七岁时于东海口洗澡，因所携宝物『混天绫』，震撼龙宫，龙王三太子出言不逊，被哪吒打死，龙王为子讨公道之事。图中举拳之童子为哪吒，长髯者为龙王，其他二人为龙王的随从或水怪，浪花和鱼则指示着东海的存在。

雕『刘备招亲』绦环板

尺寸：长 49cm × 宽 33cm × 厚 7 cm

图中人物，右一戴翎者为周瑜，怒态；右二拱手者为吴国鲁肃；右三为刘备，正与鲁肃周旋；车上女子为孙夫人，左手前指，正在斥责周瑜；车旁站立之武将为赵云，作护主之态。此故事在戏曲舞台上颇为盛行，明代有传奇《锦囊记》，后成为许多剧种的保留剧目，例如京剧有《甘露寺》《美人计》《龙凤呈祥》，秦腔和汉剧有《回荆州》，粤剧有《刘备过江招亲》等等。此木雕纹饰应该是参考了戏剧故事而作。

雕『渔樵耕读』裙板

尺寸：长 93 cm × 宽 48cm × 厚 8.5cm

裙板刻画的『渔樵耕读』就是渔夫、樵夫、农夫与书生这四种形象，是中国传统社会中四个比较重要的职业，代表着中国古代劳动人民的基本生活方式，也有很多官宦用此来表示退隐之后生活的象征。

雕花鸟木构件

尺寸：长 62 cm × 宽 23 × 厚 4 cm

这五块木构件安装在神楼正厅屏门顶端，采用通雕的手法，以牡丹、木棉、石榴、荷花及鸟雀为主题，形成各式寓意祥瑞的组合，如图③，其上雕刻着『榴开雀聚』图，以石榴喻多子，以雀喻爵，寓意多子多孙，官居高爵。

①

②

③

④

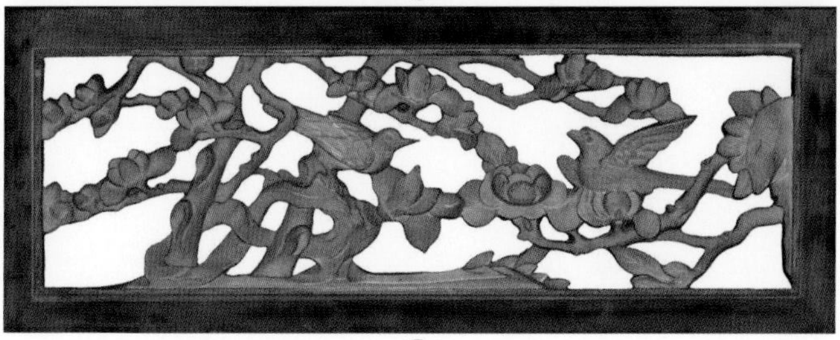

⑤

正厅花篮

尺寸：长 50 cm × 宽 17cm

这两件花篮悬挂于雕人物花鸟雀替之下，花篮上部镶嵌花朵惟妙惟肖，中部镂空雕刻铜钱，花篮下部坠有结穗，使整个花篮呈现活灵活现之感。

正厅花罩（上半部分）

尺寸：长 206 cm × 宽 39 cm × 厚 6 cm

花罩是中国传统建筑中的构件之一，常用镂空的木格或雕花板做成，采用浮雕、透雕等手法以表现古拙、玲珑、清静、雅洁的艺术效果。其花纹多为几何图案或互相缠绕交错的动植物，或神话故事之类。此花罩运用镂通雕的雕刻工艺，雕刻竹叶、花果和鸟的形象，意趣生动。中国传统木雕具有民俗性、地方性、综合性、因材施艺等特色。

花罩下半部分雕刻的是竹鹤图，『竹鹤』图像主要赋予吉祥寓意，同时也表现了品行的高洁。

正厅花罩（下半部分）

尺寸：长 140 cm × 宽 40 cm × 厚 5 cm

雕刻孟浩然踏雪寻梅图。据记载唐代诗人孟浩然巧拒官位，归隐山林，情怀旷达，常冒雪骑驴寻梅，曰：吾诗思在灞桥风雪中驴背上。此后历代文人多有用到『踏雪寻梅』的典故。

神楼侧面及其他构件

神楼正厅面阔 3.57 米，进深 3.72 米，净空 3.7 米，是洪圣王神像安座接受供奉的地方。相对于神楼外部的金碧辉煌，正厅内部显得格外庄严和肃穆：左右两侧各为 6 扇金漆木雕屏门，天花彩绘“暗八仙”与“麒麟凤凰玉书”图，背面墙上用墨绘画“双龙戏珠”，营造出神圣而又神秘的氛围。

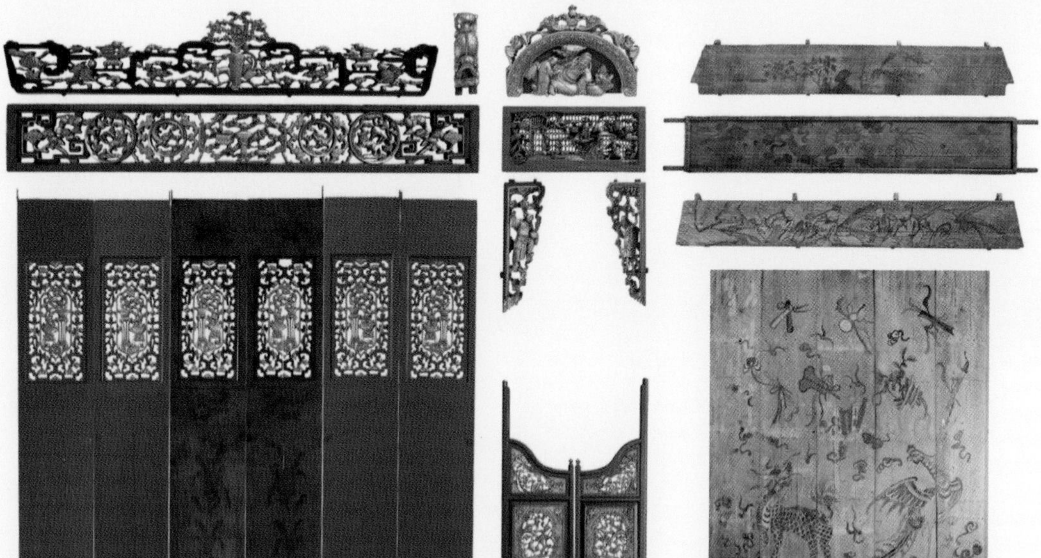

雕『太白醉酒』木构件（西侧）

尺寸：长93 cm×宽64 cm×厚8 cm

西侧的木构件描绘了太白正在饮酒，太白身边放置了酒坛，童子正在为他斟酒。

雕『太白醉酒』木构件（东侧）

尺寸：长 93 cm × 宽 64 cm × 厚 8 cm

雕『太白醉酒』木构件分别位于神楼东、西侧面廊柱上方。东侧的木构件则是太白在酒饱饭足之后开始读书吟诗的场景。太白，即李白，唐代著名诗人，性情豪迈，诗词自然明快，飘逸潇洒，嗜爱饮酒作诗，被后世誉为『诗仙』。

雕人物故事花板（西侧）

尺寸：长 94 cm × 宽 42.5 cm × 厚 4 cm

这件花板位于神楼西侧，花板用通雕的手法刻画了陶渊明辞官归隐的场景。花板上描绘陶渊明带着随从到了『五柳庄』的门口，还有两位家仆在门口迎接他。陶渊明从小受到很好的家庭教育，他博览群书，但直到二十九岁时才谋得江州祭酒一职。在从官期间也屡屡辞官归乡，最后出任彭泽令，在任仅八十余日又辞官了，自此十三年的仕途生涯终于结束。陶渊明在家乡过着隐居生活，对于官场，他丝毫没有眷恋之心。辞官后，他反而有一种重获自由的怡然自得。

雕人物故事花板（东侧）

尺寸：长 94 cm × 宽 42.5 cm × 厚 4 cm

明清家具门板、栏杆等常镂空或雕刻花纹图案，通称花板，花板上多雕刻有典故，有戏剧、民间传说、宗教神话等。此件花板位于神楼东侧，花板刻有内阁中书夜晚送别的故事。明清两代于内阁中设置中书一官，掌撰拟、记载、翻译、缮写之事，官阶为从七品。

雕人物雀替（西侧）

尺寸：长 60 cm × 宽 20 cm × 厚 5 cm

雀替，又称角替，是传统建筑中位于檐下、柱头与梁枋交搭处的建筑构件，具有支撑和装饰两种功能。其上主要雕饰有花草、鸟兽及人物等装饰，雕刻技法采用镂雕，反映了清末民间艺术的审美情趣和价值取向，具有很高的艺术价值。

雕和合二仙雀替（东侧）

尺寸：长 60 cm × 宽 20 cm × 厚 5 cm

这部分构件为神楼上的雀替，主要刻画的是人物，其中东侧雀替人物为『和合二仙』。『和合二仙』亦称和合二圣，为我国所奉喜庆吉祥之神。本只祭祀万回一人，后清雍正年间『今和合以二神并祀，而万回仅一人不可以当之』，遂封天台山僧人寒山、拾得为和合二仙。和合二仙主要是推进男女情投意合、相亲相爱的仙人，能促使男女双方恩爱，白头偕老。一般来说，和合二仙的形象，是一位（寒山）手执禾，一位（拾得）手托盒。以禾盒，代指和合之意。另外也有一位（寒山）手执荷花，一位（拾得）手执圆盒，盒内盛满珠宝，且飞出一只蝎鼠，意取财源广进，亦含和合之意。和合二仙题材，在雀替木雕中，被广泛采用，并得以充分发挥。人物的成双成对与雀替对称性特点形成对应。这种对应给了匠人们充分的想象展示空间，创造出大量多姿多彩，既喜庆吉祥又和合相谐的形象，充分表现出雀替既对称又和谐的艺术之美。

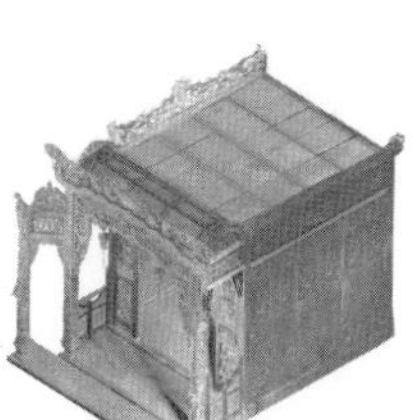

| 雕人物花鸟脚门

尺寸：长 132 cm × 宽 43 cm × 厚 3 cm

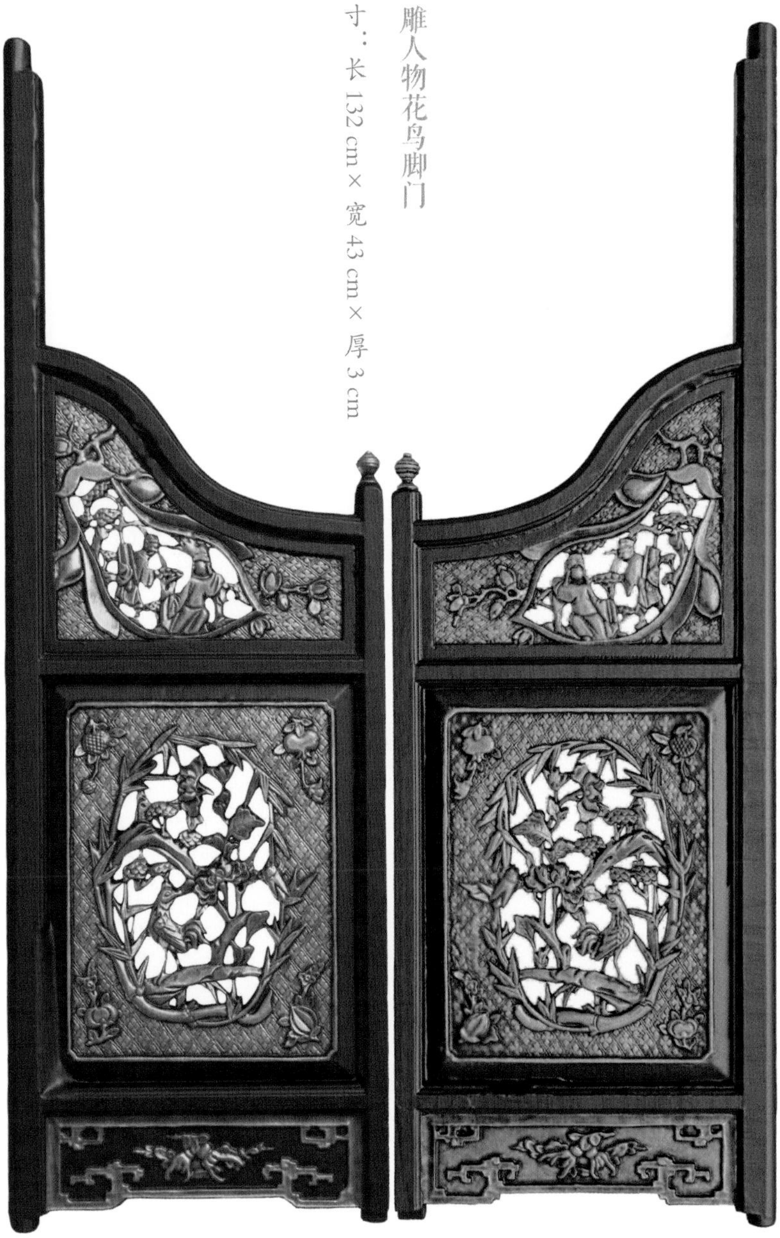

脚门又叫『角门』，是位于正门两侧的小门、旁门，神楼檐廊下方共有四扇脚门，两两一组，分别位于东西两侧。这种门在岭南地区常见，因为岭南地区多是潮湿炎热的天气，脚门可以在夏天不关闭大门之余，把屋里与大街相隔开来，既可以通风，也不会让路人看到室内。此扇门以镂空的手法描绘了草木、花鸟以及人物等形象，栩栩如生，十分精致。

①

②

③

卷棚天花

尺寸：长 336 cm × 宽 44 cm × 厚 9 cm

卷棚天花位于神楼檐廊正上方，共有三块，前后两块斜搭在压顶过梁和正厅上，构成一个弧形天花。三块天花板各绘有不同的图案：图①为牡丹梅花图，象征荣华富贵，清傲高洁；图②描绘了龙和蝙蝠，寓意吉祥有福；图③左持寿桃者为寿星，中间持如意者为禄星，右侧身旁有一童子者为福星，通常福星怀里抱有一婴儿。三块天花图案风格各不相同，具有独特韵味。

雕博古纹花板

尺寸：长 350 cm × 宽 40 cm × 厚 4 cm

神楼正厅外侧各有一件博古纹花板，雕刻博古架和各式吉祥图案，中间以宝瓶（象征平安）、牡丹（象征富贵）、鹿（与『禄』谐音，象征官位、俸禄）、蝙蝠（象征福气）等为主题，寓意富贵平安、平和是福、福禄相连，两侧也雕刻了杨桃、石榴、佛手等图案，寓意多子多福、财运亨通。

（西侧）

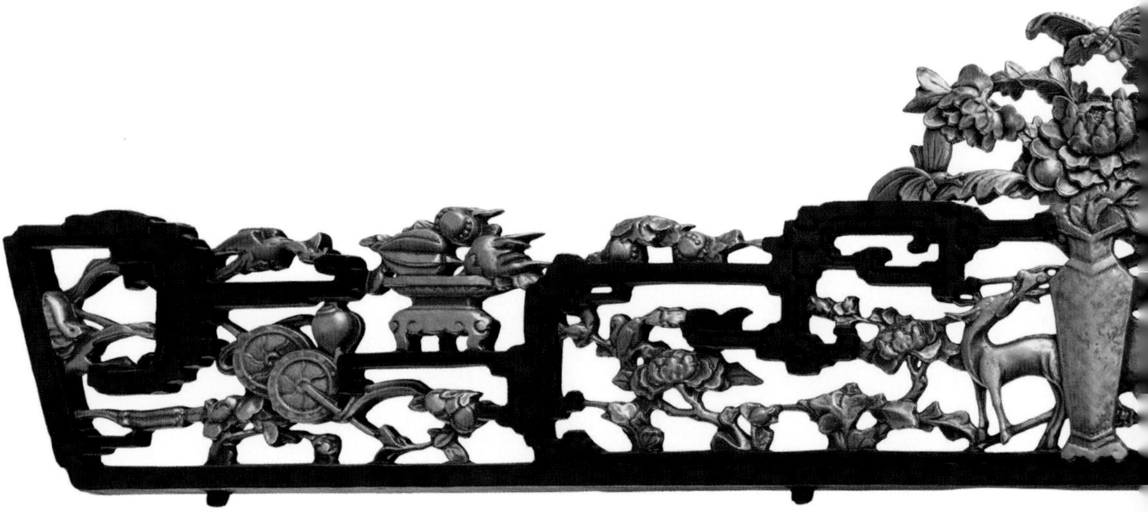

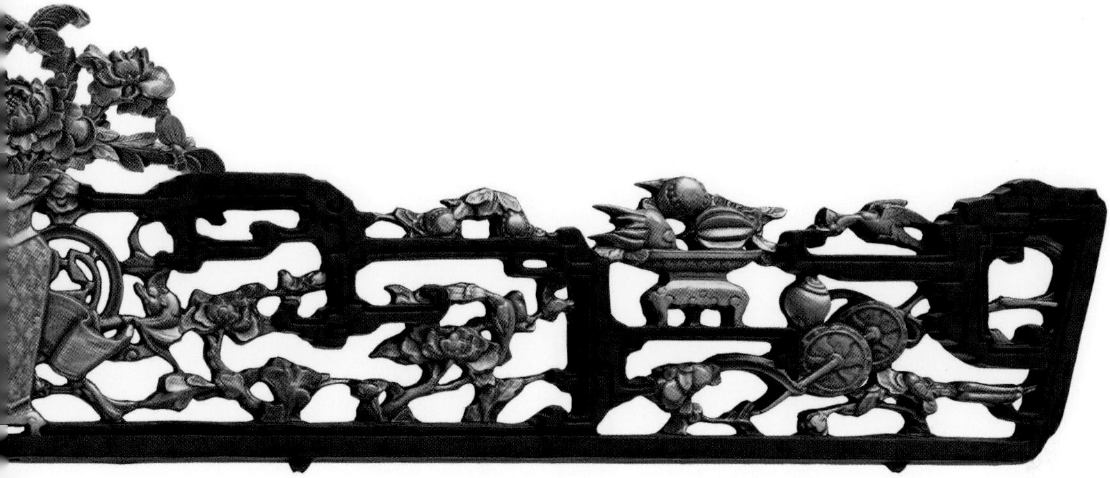

（东侧）

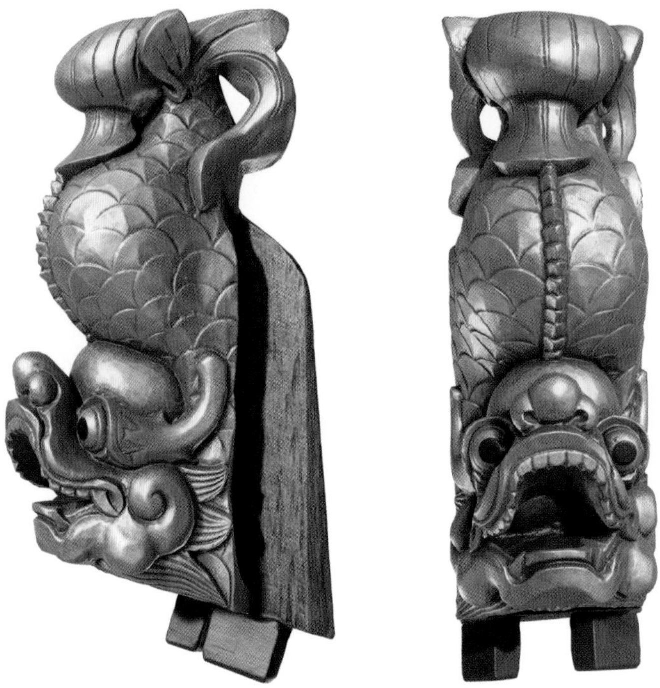

雕鳌鱼木构件

尺寸：长 60cm × 宽 30cm × 厚 17cm

雕鳌鱼木构件共有四件，运用通雕技法，位于神楼屋顶四角。鳌鱼是古代中国神话传说中的动物，相传在远古时代，金、银色的鲤鱼想跳过龙门，飞入云端升天化为龙，但是它们偷吞了海里的龙珠，只能变成龙头鱼身，称之谓鳌鱼。鳌鱼的形象常被用作屋脊兽，有护脊消灾的意义。

| 雕博古麒麟纹侧面顶板（西侧）

尺寸：长 347cm× 宽 48cm× 厚 5 cm

此木构件运用镂空雕的工艺刻画博古纹图案。博古是杂画的一种，后人将图画在器物上，起到装饰作用，泛称“博古”。如“博古图”加上花卉、果品作为点缀而完成画幅的叫“花博古”。

| 雕博古麒麟纹侧面顶板（东侧）

尺寸：长 347cm× 宽 48cm× 厚 5 cm

北宋大观宋徽宗命大臣编绘宣和殿所藏古器，修成《宣和博古图》三十卷。后人因此将绘有瓷、铜、玉、石等古代器物的图画，叫做“博古图”，有时以花卉、果品等装饰点缀，有博古通今、崇尚儒雅之意。

西侧屏门

尺寸：长 303cm × 宽 58cm × 厚 5 cm（每扇）

这两扇屏门上部皆采用镂通雕的雕刻工艺，髹漆贴金而成；下部则采用沉雕（阴刻）工艺，图案纹饰低凹于木料平面，以花木虫鸟最常见，多用于房门、屏门、橱柜门等建筑和家具饰件上容易受损的部位。这两扇屏门上部装饰有『博古图』，有博古通今、崇尚儒雅之寓意；下部雕刻花木图案，特别是还有最具岭南特色的芭蕉图案，十分生动有趣。

东侧屏门

尺寸：长303cm×宽58cm×厚5 cm（每扇）

神楼东西两侧各有屏门六扇，均可开合。屏门是中国传统建筑中遮隔内外院或正院和跨院的门，一般用于垂花门的后檐柱、室内明间后金柱间、大门后檐柱、庭院内的墙门上，因起屏风作用，故称屏门。

『暗八仙』与『麒麟凤凰玉书』彩绘天花

尺寸：长 363 cm × 宽 330 cm × 厚 2 cm

此天花板位于神楼上部，其上装饰的花纹主要分上下两部分，上半部分描绘的是『暗八仙』，又称为『道家八宝』，是以道教中八仙各自所持之物代表各位神仙，八种法器分别是，葫芦、团扇、鱼鼓、宝剑、莲花、花篮、横笛和阴阳板。它们与八仙具有同样的吉祥寓意，代表了中国道家追求的精神境界。『暗八仙』最初见于道教建筑之上，后来被广泛应用于传统工艺品的装饰上，这种纹饰始盛于清康熙年间，流行于整个清代。天花的下半部分则装饰有『麒麟凤凰玉书』，在民间风俗中，麒麟是送子的瑞兽，麟吐玉书，寓意早生贵子，至今『麒麟凤凰玉书』都多见于文庙、学宫装饰中，以示祥瑞降临，圣贤诞生。

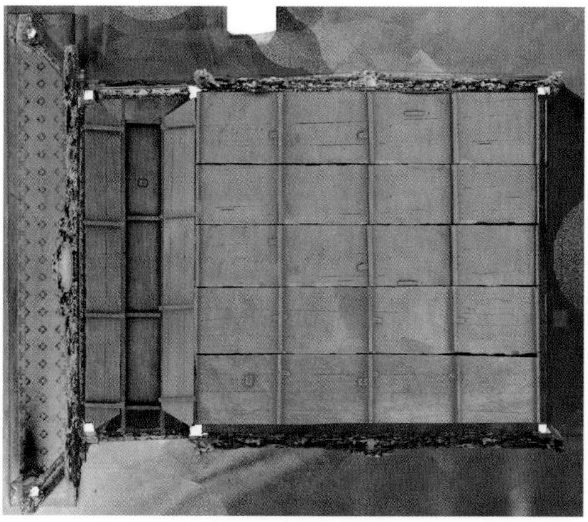

| 彩绘天花（外侧）

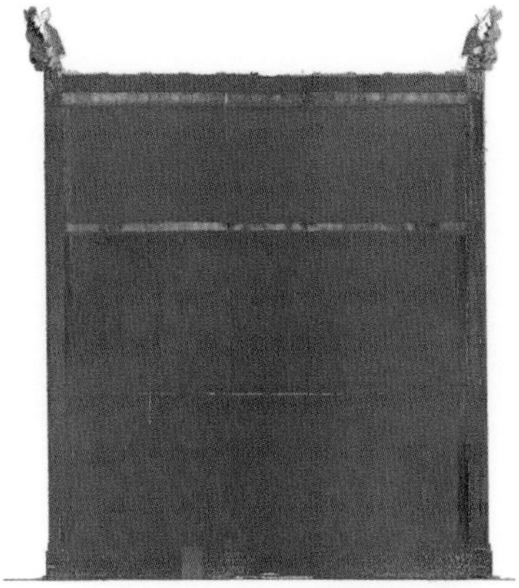

| 神楼背立面

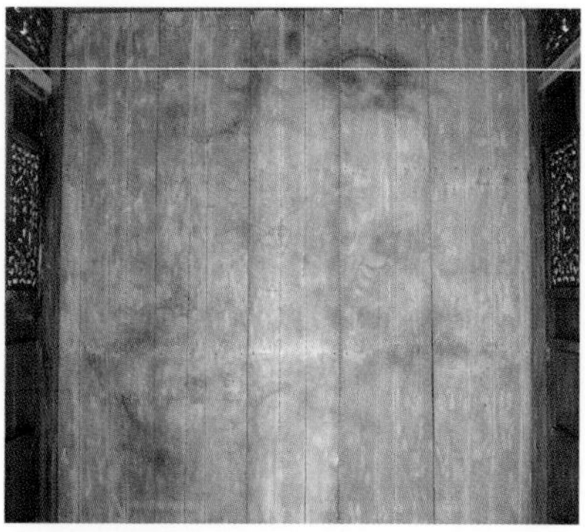

| 神楼背立面内侧双龙戏珠图

| 神楼俯视

探索与保护

壹

清代番禺的南海神洪圣王崇拜

自古以来，因为“粤人事海神甚谨，以郡邑多濒于海”[1]的缘故，广东沿海各地多建有海神庙。其中“凡渡海自番禺者，率祀祝融、天妃……祝融者，南海之君也”[2]。“南海之君”指南海神，对南海神的崇拜源自中国古代皇朝礼制中的四海之祭，它正式列入国家事神祀典始于隋文帝开皇十四年（594），当年南海神庙始建，位于今广州黄埔区南岗镇庙头村。据收藏在南海神庙中的韩愈《唐南海神广利王碑》记载，唐天宝十年（751），封四海为王，册封南海神祝融为“广利王”。到宋仁宗康定元年（1040），朝廷发出《中书门下牒》，差官到南海神庙致祭，并加封南海神为“洪圣广利王”。自此，民间又将南海神称为“洪圣王”。

南海神庙虽然是一处举行国家祭礼的场所，但广州地方社会以及附近的乡村都希望通过各种渠道，或举办庙会等各种仪式把自己同这座庙宇联系起来，以便置身在南海神的荫庇之下。元明两代，在珠江三角洲一带建有大量的南海神“离宫”洪圣王庙，民众积极参加赛海神的庙会，

---

1 屈大均：《广东新语》卷六，《神语·海神》。
2 屈大均：《广东新语》卷六，《神语·海神》。

1 | 2

因此南海神（洪圣王）崇拜在珠江三角洲民间有了广泛的基础。在清代，根据王元林统计，南海神庙主要分布在珠江三角洲的广州府、肇庆府、惠州府等，广州府各县基本上都有南海神庙分布。[1] 其中，番禺县除了正祠南海神庙外，禺南地区的“新茭、塘都、板桥、冈尾、新厅各乡皆分祀之”[2]。据朱光文统计，在禺南地区茭塘司南村有东山庙，原主神为南海神，后改为祀北帝；在潭山有冈尾庙，即南海神祠，祀洪圣王南海神；在思贤有南海神祠，祀南海神。[3] 不少村落联盟建立起祭祀南海神洪圣王的南海神祠，“通过大规模的跨村落迎神赛会仪式形成凝聚力”[4]。

石楼镇下辖茭塘村的南海神庙（洪圣庙）（图 1）始建于清乾隆十九年（1754），大门匾额题款“洪圣庙 乾隆甲戌仲冬吉旦”，经过多次重修，2005 年列为“广州市登记保护文物单位”，庙里供奉有洪圣王的神像。（图 2）

1 王元林：《国家祭祀与海上丝路遗迹——广州南海神庙研究》，北京：中华书局，2006 年，第 409 页。
2 《古今图书集成·职方典》卷一三·九《广州附祠庙考》。
3 朱光文、刘志伟：《番禺历史文化概论》，广州：中山大学出版社，2017 年，第 267—268 页。
4 朱光文、刘志伟：《番禺历史文化概论》，广州：中山大学出版社，2017 年，第 267 页。

3 | 4 | 5

化龙镇潭山村俗称冈尾庙的洪圣庙[1]，据当地村民说已被拆除，庙内的洪圣王神像则迁到了村里的天后宫。据天后宫外墙旁树立的宣传栏记载，天后宫内有先锋古庙（图3），“按家谱记载该庙于康熙五十九年修建，经历次重修，最后重修于1997年……庙后殿供奉先锋、洪圣、包公等诸神，为村中善信岁时祭祀的地方”。在天后宫东侧的先锋古庙内，洪圣王神像端坐诸神中间，成为庙内的主神，神龛上方悬挂一件红色广绣长幡，上绣有“洪圣大王”（图4）四个金色大字；神龛两侧青砖墙上也分别悬挂广绣挂额，同样绣着“南海广利王洪圣大王”金色大字。在庙内西侧墙上镶嵌了一方碑刻（图5），碑文上方刻有篆字“重修冈尾庙碑”，碑文内容分别为《重修冈尾庙碑序》和捐款名录。据庙祝说此碑是从原来的冈尾庙搬过来的。可惜碑刻破损较严重，又因为年代久远部分字迹模糊，无法将碑文一一识读出来了。

尽管碑文无法全部识读，仍然提供了不少有价值的历史信息。碑中写道：“我十八乡约冈尾神庙，创始国

1 据载冈尾庙于20世纪60年代被毁。见刘晓春：《“约纵连横”与“庆叙亲谊”——明清以来番禺地区迎神赛会的结构与功能》，《民俗研究》，2016年第4期，第99页。

初，自顺治戊子，迄今二百余年。”[1]清顺治戊子即顺治五年（1648），冈尾十八乡联合在潭山乌石冈乡建立了冈尾洪圣王庙，它是冈尾十八乡共同建造的南海神“离宫”。康熙四十九年（1710），时任怀仁知县的番禺人邓正蒙也撰文记载了冈尾社重修南海神祠一事，摘录如下：

自古帝王抚有四海，东渐西被，怀柔河岳，百神效灵，聿隆祀典。吾粤居天之南，于辰为午，于卦为离，离以水为体，以火为用，祝融之墟为神灵窟宅。虞书所谓，宅南交寅，宾出日者。职此羊城东南三十里南有扶胥江，正日出之乡。旧建庙祀祝融，天下之水自西北而东南，以汇于海。四海以南为尊，故南海之神，其贵在东西北三神河伯之上。自隋开皇，而后历唐宋元明，以迄我国朝晋秩加封，岁遣重臣，致祭典文周洽神，以诚格阳侯效顺，海不扬波，时和年丰，物无夭札，其德被我南方最钜。濒海居民阴受神赐，祷祀尤加虔。然庙隔江壖，波涛森阔，农氓妇子，谒告维艰。顺治五年，我十八乡绅耆因于使用地择冈尾之阳，并建离宫一所。凡宣扬上谕、里递催科与夫人课文暨一切奖善惩

1 《重修冈尾庙碑序》中有“迄今二百余年”，显示此碑当立于清光绪年间。该碑现存于番禺化龙镇潭山村天后宫旁先锋古庙中。

恶等事，胥会集于兹庙。[1]

邓正蒙在文中说明，因为家乡与南海神正祠之间有扶胥江相隔，乡民前往祭祀不便，所以十八乡绅耆在冈尾择地建离宫；他还提到“凡宣扬上谕、里递催科与夫人课文暨一切奖善惩恶等事，胥会集于兹庙”。也就是说，这所南海神离宫在建成之初就是十八乡联合起来参与地方事务并进行地方治理活动的场所。

据朱光文考察，十八乡分别是清代番禺茭塘司的赤山东、赤岗、大岭、灵山（凌边）、潭山乌石冈、石子头（石楼）、官桥、潭山红石祠、仙岭、草塘、西村、潭山白石祠、明经右里、岳溪、山门、明经左里、方头、苏坑（眉山）[2]，包括现在石楼镇、石碁镇和化龙镇的多个乡村。这些乡村除了建立冈尾洪圣庙，供奉南海神洪圣王外，在南海神诞期即农历二月十三日会举行祭祀洪圣王的活动——“洪圣王出会”。参与的十八乡通过举行游神赛会使自己与洪圣王联系起来，都置身于洪圣王的庇护之下。朱光文提到，为便

1 邓正蒙：《重修冈尾南海神祠记》，载《番禺县志》（卷十九），《艺文》三，清乾隆三十九年（1774）刻本。
2 朱光文、刘志伟：《番禺历史文化概论》，第268页。

于记忆，十八乡“将参与洪圣出会的所有姓氏及其轮流次序编成歌诀：戴陈大凌乌，官红仙草子，西白右溪门，左方苏”[1]。

1　朱光文、刘志伟：《番禺历史文化概论》，第268页。

贰

番禺冈尾社十八乡「洪圣王出会」活动

游神赛会是清代珠江三角洲各种民间神诞期经常举办的庆典活动。清乾隆《番禺县志》卷十七《风俗五·赛会》中记载了省城广州及周边地区“赛会”的盛况：

> 粤俗尚巫鬼，赛会尤盛。省中城隍之香火无虚日，他神则祠于神之诞日。二月二日土地会为盛，大小衙署前及街巷无不召梨园奏乐娱神；河南惟金花会为盛；极盛莫过于波罗南海神祠，亦在二月四，远近云集，珠花艇尽归其间，锦秀铺江，麝兰薰水，香风所过，销魄荡心，冶游子弟，弥月忘归，其縻金钱不知几许矣。他则华光、先锋、白云、蒲涧之属，及端午竞渡，所称会者，无月无之也。他小神祠之会，不可罄书。每日晚，门前张灯焚香祀土地设供，谚所谓“家家门口供土地”也。香火堂灯不熄到天明，堂用红帘书一切神灵名号，旁插大叶金花，炫焱夺目……[1]

这段话详细记载了广州及其周边地区在民间诸神诞期时游神赛会的盛行，以及赛会时的种种热闹景象，其中最盛大的游神赛会活动是南海神庙的波罗诞。作为南海神庙的分庙之一，番禺冈尾洪圣王庙建立后，每年农历二月

---

1 （清）乾隆《番禺县志》，卷十七《风俗五·赛会》。

十三日洪圣王诞期时，冈尾十八乡也在诞期举办“洪圣王出会”游神赛会活动，一直持续到1950年。[1] 刘晓春在番禺调查时，潭山村有位许锯泉先生曾向他出示其珍藏的一枚冈尾庙玉印——“敕封广利王印”，有“冈尾庙”“顺治戊子春十八约同奉”等文字分别镌于印身的两面。据说在巡游时，庙祝或当地长老手持神明宝玺，沿途为信众携带的土纸盖印，盖印后的土纸成为具有神威的灵符，被村民敬奉在家中，保佑家人平安。[2] 也就是说，冈尾庙在其成立的当年即顺治五年（1648）就已经举办由十八乡共同参加的“洪圣王出会”活动。

乾隆《番禺县志》记载了冈尾十八乡洪圣王诞期时的盛况：“冈尾庙祀南海王，在潭山村，十八乡居人建。每岁神诞前茭日出游，仪仗执事春色分乡轮值置办，争新斗艳，周而复始。至诞期，演戏七日，岁时祈赛之盛，亚于波罗。”[3] 也就是说，冈尾庙的南海神洪圣王诞，也是由十八乡各村轮流当值置办“出会”活动，“出会”时会抬洪圣王神像出

1　陈铭新：《闲话冈尾社十八乡迎神赛会》。

2　刘晓春：《“约纵连横”与“庆叙亲谊”——明清以来番禺地区迎神赛会的结构与功能》，《民俗研究》2016年第4期第99页。

3　（清）乾隆《番禺县志》，卷八，《典礼十》。

游，当值的乡村负责置办仪仗、春色。这些乡村在自己当值时会“争新斗艳”，与往年的当值者比拼一番，其隆重程度仅次于在南海神庙举办的波罗诞。禺南地区有俗语“仲热闹过洪圣王出会（比洪圣王出会还热闹）”，就是形容出会活动的热闹奢华。

据陈铭新调查所记，每次洪圣王出会，是年当值的乡村要准备仪仗队，抬着供奉的洪圣王神像逐乡进行游神，巡游队伍巡遍十八乡。他描述道：

因为每十八年才轮得一次，所以主办的乡村都特别隆重其事，第一年要请花、安神衔、开光等，第二年迎神出会，第三年送神，第四年焚化龙袍，才算把迎神的整个程序做完。

……接神时，男女老少齐齐参与，出动马色、板色、八音锣鼓，……到乌石冈冈尾庙内，用銮舆将洪圣王神像抬回本乡祖祠，供人们全年参拜。洪圣王神像接入祠堂后就进行参拜祭祀，祭祀仪式一般都是由本乡一些取得科举功名的、德高望重的头面乡绅主持，按照当时的祭祀仪式进行。[1]

1 陈铭新：《闲话冈尾社十八乡迎神赛会》。

又据陈铭新的记录，巡游队伍出会巡游时，会有洪圣王的銮舆（神轿）一顶、神龛一座、“避邪宝刀”一把以及刻有“南海王”“肃静回避”等字样的高脚牌等用具，按下述的次序出会：

1. 头锣开道；

2. 大灯笼一对；

3. 清道旗，头度长幡；

4. 八音锣鼓；

5. 出色；

6. 马队；

7. 令牌队伍；

8. 山花罗伞；

9. 二度长幡；

10. 锣鼓音乐；

11. 御林军前后簇拥洪圣王坐轿，老者当衙差，少者当侍卫；

12. 横额“南海广利昭明龙王”；

最后是男女老幼组成的巡游队伍，场面极其壮观。[1]

1　陈铭新：《闲话冈尾社十八乡迎神赛会》。

1 | 2 | 3 | 4

研究人员在2016—2018年数次到石楼、化龙镇一带调查，见到现在的番禺化龙镇赤岗、山门、西山三个曾属冈尾十八乡的村落至今仍在祖祠中存放着冈尾十八乡“洪圣王出会”时使用的部分实物，印证了陈铭新的记录。

在赤岗村九世陈公祠（图1），有一批“洪圣王出会”留下来的实物，有一座洪圣王的神龛（图2），神龛一侧刻有“光绪十年仲春吉立”字样；神龛内有一件接神后供洪圣王神像安坐的神座，神座上摆有一件木牌，上写有“洪圣王”字样，当值“出会”游神的时间应该是光绪十年（1884）。另外九世陈公祠内还有洪圣王出会时仪仗队使用的高脚牌一批（图3、4），高脚牌上刻有警示语以及敬送人、制作人的名号和时间，例如图5的“肃静回避”，牌上有“信士陈居信敬献”；图6的高脚牌上刻有“荤秽勿近”，以及“光绪辛丑”“德昌造”字样；图7高脚牌上有“严肃整齐”“光绪辛丑”“黄有作、暖阁、枱围”字样；图8所见字样分别是“昭明龙王”“学士陈荫兴陈芳科敬献”“黄有造、四邑”等；图9上的字样有“南海王”“光绪辛丑”“黄有作、暖阁、枱围”字样。这几个高脚牌上刻着的“光绪

5 | 6
7 | 8 | 9

公元	干支	纪年	轮值乡村	有关出会的对联或文章	出处
1736—1795	丙辰至乙卯	乾隆年间	冈尾社十八乡	“冈尾庙在鳌山村，十八乡居人建。诞期演戏七日，岁时祈赛之盛，正于波罗。”	乾隆《番禺县志》卷一九《艺文》
1818	戊寅	嘉庆廿三年	凌边	戊寅迎神回乡奉祀联戊寅（凌边）迎神回乡奉祀联	《凌边古诗联杂钞》《石子头古诗联杂钞》
1824	甲申	道光四年	石楼	甲申本乡轮值接洪圣王回乡奉祀贺联	《石子头古诗联杂钞》
1831	辛卯	道光十一年	赤山戴	壬辰赤山陈迎神联原注：“上年戴家出会，是年陈家出会。”	《凌边古诗联杂钞》《石子头古联钞》
1832	壬辰	道光十二年	赤山陈	壬辰赤山陈迎神联 壬辰赤山陈迎神联原注：“上年戴家出会，是年陈家出会。	《凌边古诗联杂钞》《石子头古联钞》
1833	癸巳	道光十三年	石楼	癸巳石楼往冈尾贺诞联十三年石楼主人冈尾联	《凌边古诗联杂钞》《石子头古诗联杂钞》
1834	甲午	道光十四年	大岭	甲午大岭接神联	《石子头古联钞》
1835	乙未	道光十五年	凌边	乙（未）二月廿四（凌边）迎神演戏通乡备联又，乙未十二月十五南海王开光对	《凌边古诗联杂钞》
1841	辛丑	道光二十一年	石楼	辛丑岁迎南海王归设祭神前柱长联（在勤敏堂）沙涌迎南海王会对、新桥九成书院迎会对（壬寅年石楼会过司）	《石子头古诗联杂钞》《凌边古诗联杂钞》
1845	乙巳	道光二十五年	岳溪	道光二十五年岳溪迎神孟家祠门口石柱联	《石子头古诗联杂钞》
1847	丁未	道光二十七年	山门	道光二十七年山门会到官桥坐午祝文	《石子头古诗联杂钞》
1848	戊申	道光二十八年	明经左里	戊申年正月十四洪圣王驻跸备联（明经左里主人）	《凌边古诗联杂钞》
1851	辛亥	咸丰元年	赤山陈	咸丰元年正月初十赤山陈会到松谷祠驻跸联 又（闰）八月廿日（凌边）安洪圣王神前联	《凌边古诗联杂钞》
1852	壬子	咸丰二年	凌边	咸丰二年岁次仲春下浣祭日（接神）祝文 咸丰二年岁次壬子季春下浣祭（满月）祝文 咸丰二年岁次壬子季冬上浣祭日祝文	《凌边古诗联杂钞》
1856	丙辰	咸丰六年	鳌山	咸丰六年鳌山主人贺冈尾诞联	《石子头古诗联杂钞》
1858	戊午	咸丰八年	石楼	咸丰七年丁巳请南海王花回乡奉祀勤敏堂行宫过年备联 咸丰八年戊午二月念三日迎南海王回乡奉祀备联（善世堂）	《石子头古诗联杂钞》
1866	丙寅	同治五年	石楼	历年南海王巡游善世堂祭祀祝文	《石子头古诗联杂钞》
1901	辛丑	光绪二十七年	赤山戴	光绪二十七年赤山戴家出会是日在山门午膳大宗祠门楼楗口备联	《日初手记存（丙寅年）》
1902	壬寅	光绪二十八年	赤山陈	光绪二十八年赤山陈家出会是日在山门午膳大宗祠门楼楗口备联	《日初手记存（丙寅年）》
1905	乙巳	光绪三十年	凌边	光绪三十年轮值灵山乡出会是日本乡（山门）大宗祠门口备联	《日初手记存（丙寅年）》
1906	丙午	光绪三十一年	下山门	光绪三十一年轮值下山门乡出会是日本乡（山门）祠门备联	《日初手记存（丙寅年）》
1907	丁未	光绪三十二年？	官桥	光绪三十一年（？）轮值官桥乡接神经过本乡祠口备联	《日初手记存（丙寅年）》
1909	己酉	宣统元年	草堂	宣统元年轮值草堂乡出会是日到本乡祠口备联	《日初手记存（丙寅年）》
1910	庚戌	宣统二年	石楼	宣统二年轮值石楼出会是日到本乡祠口备联	《日初手记存（丙寅年）》
1917	丁巳	民国七年	赤山戴	民国七年轮值赤山陈家接神是日经过本乡祠口备联（据联意可知）	《日初手记存（丙寅年）》
1918	戊午	民国七年	赤山陈	民国七年轮值赤山陈家接神是日经过本乡祠口备联	《日初手记存（丙寅年）》
1919	己未	民国八年	大岭	陈燕民撰写的迎神备联	《大岭村志》
1936	丙子	民国二十五年	大岭	陈子升撰写的迎神备联	《大岭村志》
1937	丁丑	民国二十六年	凌边	凌荫涛笔录（2013年4月）	凌边村83岁老人凌荫涛笔录
1942	壬午	民国三十一年	石楼		石楼、赤岗村民忆述
1946	丙戌	民国三十五年	鳌山	鳌山1946年迎神联	鳌山许铠铨先生提供
1950	庚寅	新中国	苏坑		石楼、赤岗村民忆述

10

辛丑”即光绪二十七年（1901），显然是仪仗使用的时间，说明在这一年曾经举行过洪圣王（又称昭明龙王）出会游神活动，由赤岗村当值，出会用的神龛、神座、高脚牌等物件由赤岗村的陈姓信众捐资，分别由四邑地区和番禺新造的作坊承做。

陈铭新根据《石子头古诗联杂钞》《石子头古联钞》《凌边古诗联杂钞》《大岭村志》《日初手记存》等书以及石楼、赤岗村民记述的资料，整理出了《冈尾社十八乡洪圣王出会年份表》（图10）[1]。从表中可知，自清乾隆年间至1950年，“洪圣王出会”活动一共持续了300多年，是当地乡间的一项盛事。

从表中还可看到，“洪圣王出会”并非每年都举办，参与的十八乡也不是固定地17年一轮。但是轮到在“洪圣王出会”中当值，仍然是全乡（村）的大事，不仅乡里的宗族会利用尝产保证“出会”的各项费用，乡民也非常重视，早早做好迎客的准备。据凌边乡人凌荫涛整理的调查笔记记载：

1　陈铭新：《闲话冈尾社十八乡迎神赛会》。

凌边乡从开村的始祖至十世祖公的公尝产业……除本年春、秋二祭和男丁分猪肉等用款之外，余款都存起来以备 17 年后的迎神之用。本乡乡民也都十分注重 17 年一次的迎神会景，即使外出做工、从商的乡民，对于迎神会景都心常挂念。乡民平常就节俭留下余款，耕种者贮备粮食，预种蔬菜，饲养家禽牲畜，用于接待亲友光临。[1]

无论是赤岗村陈氏大宗祠中保存的实物，还是凌边乡使用宗族尝产作为当值迎神的费用，洪圣王神像被接入祖祠中接受拜祭等做法，均可看到各乡负责出会的祭祀组织与宗族组织之间有着密切的关系，可以说宗族组织是操办本乡当值祭祀活动的主要力量。

1 凌荫涛：《1937 年凌边当值冈尾十八乡洪圣王出会忆录》，收入《番禺民间信仰与诞会文集》，世界图书出版广东有限公司，2015 年，第 165 页。

叁

神楼的发现、修复和展览

2015年10月，广东民间工艺博物馆对馆藏进行系统的摸查和整理，从文物仓库深处“挖掘”出8个木箱及一批木构件（图1）。箱子分两层堆叠在一起，下方用槽钢和地面隔离；木构件整齐堆放在箱子周边。研究人员将其搬运出来进行初步清点和检查，随即发现这批藏品不同凡响之处。

8个木箱宽度相同，长度和高度各异，其中4个箱子前方用白色粉笔编写有“1”到“4”四个编号。箱子有盖，盖板上分别阴刻“拨呼云月”“企阳花”（上）、“拱顶鳌鱼锲口”“横眉”“龙柱”（左）、“龙柱”（右）、“人物柱”（左）、“人物柱”（右）等字样。箱子前后和两侧都带有便于搬运的铁质提手；中部每隔一段距离便有两条扁铁包裹底部和左右两侧，起到加固及防止箱体变形的作用。木构件当中，有彩绘木板10余块，彩绘内容为人物故事、龙凤和“暗八仙”等，色彩鲜艳，状态稳定；有金漆木雕屏门12扇，精雕细琢，细节完好；此外还有木柱等构件。更为难得的是，分隔屏门构件所用的旧报纸亦保存下来，记载着新中国成立十周年国庆的重要信息，这为研究这批藏品与广东民间工艺博物馆的关系及其历史背景提供了珍贵的依据（图2）。因其规格统一、做工讲究、整体保存状况良好，依据经验，木

1 | 2

箱中当封存着珍宝。

揭开箱盖后，研究人员发现箱内存放着大量繁复的木雕构件。它们整齐归类摆放，同样保存完整、状况良好，各类深浅浮雕、透雕等细节精致，刀工流畅生动，金漆色彩华美，具有典型的传统广州木雕风格和特点，其中不乏规格较大的精品。经清点和统计，全部内容列表如下：

编号	类别	尺寸（cm）	特征	备注
1	箱子	328×45×50	面板上刻有“龙柱左”	内有圆柱一条
2	箱子	328×45×50	面板上刻有“龙柱右”	内有圆柱一条
3	箱子	425×45×50	面板上刻有“人物柱左”	内有方柱一条
4	箱子	425×45×50	面板上刻有“人物柱右”	内有方柱一条
	箱子	460×45×74	面板上刻有“拢呼云月” 中部隆起 24cm	内有大量木雕
	箱子	390×45×76	面板上刻有“横眉”	内有大量木雕
	箱子	354×45×73	面板上刻有“拱顶鳌鱼铆口”	内有大量木雕
	箱子	347×45×75	面板上刻有“企阳花”	内有大量木雕
	彩绘木板	363×66×2 等	绘有彩绘或黑白绘画	团案保存完好
	金漆木雕屏门	303×58×5	门身有金漆木雕	12 个，带门插
	木框架	381×15×14 等	两头都带有榫口	一批，数量较多
	长条木板	499×68×8.5	面有 4 个方孔	一块

据实物明细及记录可以断定，这批藏品均是馆藏一件大型金漆木雕神楼的构件。然而，尘封的宝匣虽已打开，其中的珍宝却依旧笼着一层神秘的面纱。因年代久远，受当时条件所限，相关档案资料十分稀少。这件神楼的原貌是怎样的？原来是在什么样的社会与文化语境中使用它？它在何时、如何来到广东民间工艺博物馆？它能否恢复原状，再度向公众展现其原来的风采？

怀着这些疑问，研究人员们开始进行田野调查，沿着半个世纪以前征集人员的足迹，来到番禺石楼地区，并会同专家一起造访了神楼的出处——石楼陈氏宗祠善世堂，考察了修缮后的善世堂建筑，还在附近的赤岗村九世陈公祠见到一批与神楼类似的金漆木雕构件。原来，馆藏神楼和它们一样，均曾用于清至民国时期几百年来延绵不绝的广州番禺冈尾社十八乡著名的迎神赛会活动——“洪圣王出会”。

石楼村在清代隶属番禺茭塘司，石楼陈氏宗族是茭塘司最重要的宗族之一。朱光文根据民国《番禺县续志·选举表》及光绪十一年（1885）《石楼陈氏家谱·选举表》统计，明清两代，石楼陈族共出进士 5 人，举人 23 人，贡生 10 人，秀才 148 人，其中清代同治光绪年间，是石楼科名

5 | 6

最鼎盛的时期。[1] 科名鼎盛、人才辈出，造就了石楼陈氏宗族在番禺地方上的地位和话语权。他们以陈氏大宗祠善世堂为中心，在清末民国时期整合、发展周边聚落，参与并主持地方事务，发挥了较大的作用。[2] 由此可知，在轮到石楼村当值“洪圣王出会”时，他们一定会隆而重之，将出会要用的神功用品做得富丽堂皇。

神楼正门左右两侧门框上分别刻有“宣统元年岁次己酉”（图 5）、“东中西龙楼社敬送”（图 6）字样，门框背面刻有“何秉记造”。这些字样表明神楼建于宣统己酉年即宣统元年（1909），由石楼村的“东中西龙楼社”共同捐资，由“何秉记”建造。敬送神楼的龙楼社应该是一个里社组织，负责组织或主持石楼当值的“洪圣王出会”活动，他们按照所处的地理位置在石楼中分为东、中、西三个分社，在社内集资并捐建了神楼。

在出会活动前夕，神楼在善世堂中安装好，等待“洪圣王出会”中洪圣王神像到来后安座在神楼中，整年接受本村、十八乡及周边信众的祭拜。出会活动结束后的次年，

1　朱光文、刘志伟：《番禺历史文化概论》，第 168 页。
2　朱光文、刘志伟：《番禺历史文化概论》，第 227 页。

神楼被拆卸成散件放入八个樟木箱中，存放在祠堂。可见，宗族组织善世堂也深度参与或负责“出会”活动。

从番禺善世堂到广州陈家祠，神楼经历了一段特别的历史。1955 年，同全国一样，广东开展大规模文物普查，大量品类丰富、具有浓郁地域特色的广东民间工艺品得到系统的整理。同时，这些承载着岭南文化传统的工艺作品及其背后的工艺亦亟需抢救、恢复与振兴。在 1958 年广州市文物管理委员会接管文物保护单位陈家祠后，当时的广州市文化局有鉴于迫在眉睫的文物保护需求，决定依托这座具有高度代表性的岭南古建筑创设一间艺术博物馆，一方面负责陈家祠的修复与保护利用，一方面专门进行收集、整理、保护、研究、展示及传播交流广东各地的民间工艺精品。就在其筹建过程中，广州市文物管理委员会组织工作人员分成数个小组走遍全省，根据各个地区的工艺品类、特点和历史发展脉络征集具有代表性的文物。

原存于石楼村陈氏宗祠（善世堂）的神楼是目前所见神龛类器物当中最为富丽堂皇的一座，它作为该地民间神诞活动的关键器物和珍贵实物史料，一方面代表了清末广州地区金漆木雕工艺的高超水平，另一方面反映了清末民间艺术的审美情趣和价值取向，集丰富的历史、文物与艺术价值于一体，由此进入了征集人员的视野。通过当时的番禺县文化局，广州市文物管理委员会征集了这座神楼，同时决定在当时新成立的广东民间工艺馆（今陈家祠，即广东民间工艺博物馆）中展出。可以说，神楼见证了广东民间工艺博物馆的建立及早期的发展。

因体量巨大、构件复杂，这件特别的文物自番禺安全运到工艺馆并进行陈列颇费了一番工夫。据石楼村陈汉雄先生回忆，其父陈景尧（已故）正是当时运输与组装神楼的负责人之一。他作为熟悉木器的技术人员，与同村的许润一起将装有神楼构件的八个长型大木箱以及其他木构件装上船，经水运一天抵达广州天字码头，再从码头运送到馆。他们直接将大木箱自陈家祠侧门运入展厅，然后就地进行组装开始展览。自此，金碧辉煌的神楼正式“入驻”陈家祠。1959 年 10 月 1 日，以修复后的陈家祠为馆址的广东民间工艺馆举办正式开放以来首个专题大展——“广东民间工艺美术作品展览”，作为向中华人民共和国成立十周年的献礼。当时全馆共设八个展厅，分别陈列来自珠三角、潮汕、粤东、粤西等多个重要工艺美术产区、几十种多样材质的工艺品类，包括广州闻名于世的“三雕一彩一绣”、珐琅、石湾陶瓷、佛山剪纸、年画、秋色、灯色、缅塑、银器、锡器、高陂瓷器、端砚、阳江漆器、潮州木雕、枫溪瓷器、竹编、潮州剪纸、稿末塑、贝贴、瓷贴、蚌雕、抽纱等近1000件作品。当时，大批群众从远方特意前来参观展览，郭沫若、沈钧儒等名家在参观后亦给予高度评价。

神楼是当中最为引人瞩目的展品之一。专用于神楼陈列的后中展厅，原是陈家祠的祖堂。作为原本供奉省内陈氏宗族神主牌位的地方，后中展厅装设有五个大型木雕神龛，俱为清代广州大型木雕艺术精品，神楼在此展出正好与之相得益彰，也为展览添上浓墨重彩的一笔。神楼的展示直到1964年才结束，其构件拆卸后重新装回樟木箱子当中存放。之后，神楼的保护走过了艰难曲折的历程，直到2015年才重见天日，再次与观众见面。

经过资料搜集和相关研究，广东民间工艺博物馆的研究人员充分意识到，这件文物具有很高的文物价值和艺术价值，其劫后余生、重现光彩是公众尤其是其出生地番禺石楼镇的乡亲们希望亲眼看到的。为此，他们决定复原神楼、筹办展览，展品只有这件珍贵的神楼。

由于缺乏图纸及相关拼装资料，在时隔近五十年后再度组装神楼是一个十分艰巨的挑战。神楼的拼装复原工作由广东民间工艺博物馆文物保护中心的资深木器修复师曾敏青主持，还邀请在建馆初期负责征集和展览神楼的老馆长何民本回馆指导。在充分考虑光照、温度等文物保护条件及展厅空间结构、展线与导览路线等因素的前提下，展览地点选择在前东展厅，神楼的构件也直接搬到展厅现场进行清理和拼装。在安装过程中，曾敏青除了要按照榫卯结构琢磨如何拼接外，还用杉木补做了缺失的九条承重木方，从而有效地保持了神楼结构的稳定性和完整性。经过一个多月的艰辛努力，神楼的整体结构得以复原，金碧辉煌，气势逼人。

2015 年 12 月 28 日，“劫后重生——神楼的故事”特展隆重开幕。展览中，唯一的展品——神楼终于能向公众讲述这段跨越半个世纪的文物保护故事。一座神楼，百年沧桑；几度劫难，一朝重生！它既是清末地方民俗史、社会史、工艺史与文化史的鲜活物证，亦是广东民间工艺博物馆建馆以来展览历程上精彩的一页，更是一代代文物守护者保护和传承文物、文化的心血结晶。正是后者的坚守，才让这座饱经风霜的神楼在近半个世纪的沉寂后得以重见天日，还本来面目，焕发昔日光彩。可以预见，“劫后重生”之后，神楼将不再沉寂，而是迎来更加精彩纷呈的未来。

肆

从艰难保护到科学保护

番禺神楼1959年入藏广东民间工艺博物馆并展出，1964年展览后屡遇险境，危机重重。幸得老馆长何民本等人竭力保护，才幸免于难。神楼从“文化大革命”开始到2015年重新发现并展览和保护，走过了一段长达半世纪的漫长而又曲折的历程。

一、神楼的艰难保护

2015年10月，得知研究人员将神楼的构件清理出来并打算重新拼装和展览，已届85岁高龄仍旧精神矍铄的老馆长何民本激动不已，欣喜万分！清理和拼装神楼的那段日子，他几乎天天回馆，不仅为拼装和展览出谋划策，还详尽地回忆了他亲身经历的那段提心吊胆、日日担心神楼遭受破坏的艰难日子。

据何民本回忆，神楼展览在1964年结束，之后广东民间工艺博物馆将神楼拆下，按编号装回到原装的箱子中一起存放在陈家祠后西厅。到了1966年“文化大革命”开始，有一天，一队“红卫兵”冲入广东民间工艺馆（陈家祠）“破四旧”，在后西厅看到了装神楼构件的大木箱，坚持要打开

1

检查。对那几个压在下面无法打开的木箱，他们找来一把十字镐，强行凿开了木箱的盖板意欲破坏（图 1）。经过馆里留守人员再三解释，这是博物馆的文物，是不能够破坏的，才慢慢平息下来，总算保住了神楼。

刚躲过“红卫兵”的威胁，神楼又面临新的危机。“文化大革命”期间，广州新华印刷厂、电影机械厂、三十二中学占用陈家祠，到处乱拆乱建，对古建筑造成了较大的破坏。新华印刷厂的工人们在后西厅看到了存放的神楼构件，他们看到很多构件是柚木的，便动手想拿去锣开使用。好在何老馆长及时发现，竭力制止。老馆长不放心，叫上几个老员工一起将还没有动过的大柚木方全部搬到陈家祠西厢文物仓库过道中存放。神楼大部分是柚木的，大木柱、木方非常沉重，他们又没有什么搬运工具，想了很多办法，才将神楼的金木雕构件一点点挪到西厢文物仓库锁起来。至于那些装金木雕构件的大木箱，就以陈列所用档板围起来，再用板条钉固保护，以免再被工人发现。

到 1980 年，广州新华印刷厂迁出陈家祠，将其交给今广东民间工艺博物进行复馆前的复原维修，何老馆长才算放下心来。他组织人员将分散保存的木构件、木箱集中

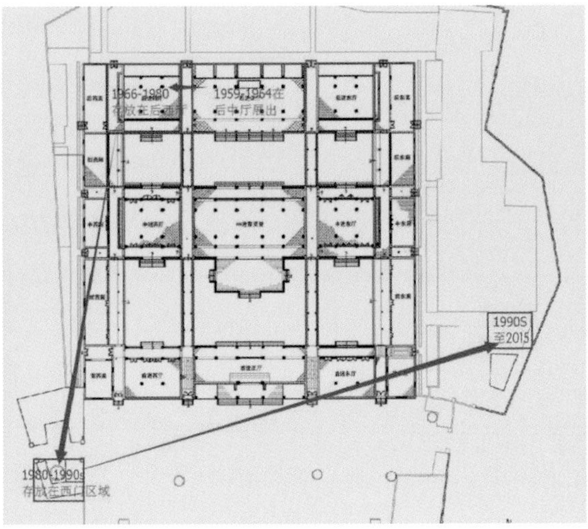

2 | 3 | 4

搬到陈家祠前广场西侧的一间房屋存放。为免受潮，他们在地面用青砖砌高 30 厘米，在砖脚下洒满生石灰，然后架上木条，把木箱堆叠起来，以防白蚁蛀蚀。由于太过潮湿且缺乏抽湿设备，这些木箱还是受到了白蚁蛀蚀的威胁，我们一直对木箱进行定时的检查和保护。曾经在其中一个木箱内发现了白蚁活动的痕迹，所幸未对木雕构件造成破坏。（图 2）

20 世纪 90 年代末，由于馆内办公用房和库房调整，神楼被转移存放到陈家祠东院库区，直到 2015 年 10 月。（图 3）

二、神楼的科学保护

由于神楼具有很高的文物和艺术价值，为了更加科学地保护神楼，在 2015 年 10 月至 2016 年 12 月，广东民间工艺博物馆在展览策划之前、展览结束后的两个多月里，分别对神楼整体及其构件实施系统科学的检查、保护、记录，并进行文物鉴定；同时与北京工业大学合作，对神楼进行了三维信息采集，尽可能精准地保存神楼的数据。这项科学保护工作由馆中的文物保护中心负责。

5 | 6 | 7
8 | 9

首先对神楼构件的保存状况和构件完整性进行检查确认，发现整批构件保存状态基本完好。屏门、地板和木柱等构件（图 4、图 5）均未发现白蚁蛀蚀、破损和发霉；屏门转轴和木箱的拉手等铁构件出现生锈现象，但结构稳固；由于长时间的储存，全部木构件都出现了大量的表面积尘；大木构件均能找到成对相同或对称的组合，构件类型基本完整。

经过慎重评估，文保中心专业技术人员认为构件保存良好，没有重要构件缺失，可以尝试进行拼装搭建。由于神楼体量巨大，他们决定在馆内前东厅尝试搭建神楼。搭建前，先对全部木构件进行了表面除尘，并对屏门进行了表面清洁。（图 6、图 7）

搭建神楼的时候，先自下而上地进行基座和结构框架的拼接。（图 8、9）

主持神楼搭建的文保中心资深木器修复师曾敏青，在搭建过程中发现部分木构件缺失，他凭借自己丰富的木制品制作和修复经验，根据神楼构件的样式，复制并补全了 9 件木方。这一关键的步骤既保证了神楼构件和结构的完整性，也能让搭建可以继续。后补的木构件没有做表面油

10 | 11 | 12

13 | 14 | 15

漆或贴金，与原有构件区别开来，遵循了文物修复的可识别原则（图 10、图 11）。经过一个多月的通力合作，在没有任何图纸的情况之下，神楼的整体搭建最终完成了。（图 12）

展览结束后，研究人员选择在 11 月天气晴朗、温湿度适宜的日子，进行神楼入库前的检查、清洁和拆卸工作。首先检查神楼的整体状况，包括整体检查神楼的各个立面和平面，确认没有出现异常的倾斜和位移；检查神楼地面周边和屋面是否有积水、发霉等现象，未发现上述异常，神楼基础和屋面状态良好；检查神楼的木构件结构，确认各节点榫卯连接、屏门转轴、花板的插槽、天面和天花的拼接等结构节点的状况，确认神楼拆卸前结构安全稳定；检查神楼木构件不存在白蚁及其他虫害现象，木料保存良好；记录神楼当前的构件缺损情况并整理记录。检查后对神楼整体进行清洁，按照从高到低、自里向外的顺序，由浅入深地使用鸡毛掸子、吸尘器、硬毛刷、软毛刷等工具进行清洁，保证神楼在清点、拍摄和三维扫描时维持洁净的状态。（图 13）

整体清洁完成后开始拆卸神楼，按照“先附属构件后

16 | 17/18 | 19

结构构件，自里向外，从高到低”的原则，按步骤有计划地对神楼进行拆卸（图 14、15），并拍摄保存重点部位的拆卸过程。

检查、清洁存放神楼的八个原装木箱，并在箱体表面涂刷清漆进行保护。（图 16）

与此同时，保管部对神楼每个构件重新进行记录和造册登记（图 17、18）；文保中心对木雕结构复杂、浮雕内部有积尘的木构件再进行深度的清洁和归类，保证后续的拍摄和三维扫描工作可以顺利完成；陈列部对拆卸下来的神楼构件逐一进行拍摄（图 19）。广东民间工艺博物馆还两度邀请国家级和省级文物专家对神楼的历史价值、文物价值和艺术价值进行论证，出具专家论证意见。（图 20）广东省文物鉴定站在对神楼进行全面、科学和严格的鉴定后，将番禺神楼定为国家一级文物。（图 21）

为了更全面细致地保留神楼的历史信息、文化以及艺术的精华，广东民间工艺博物馆委托北工大团队承担神楼整体数字化模型采集工作，对拆卸下来的神楼构件分别进行三维信息采集，最大限度地、科学地保存神楼的数据。（图 22—25）

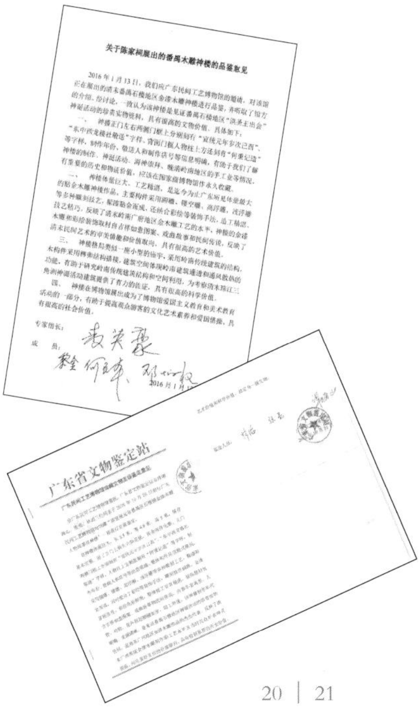

20 | 21

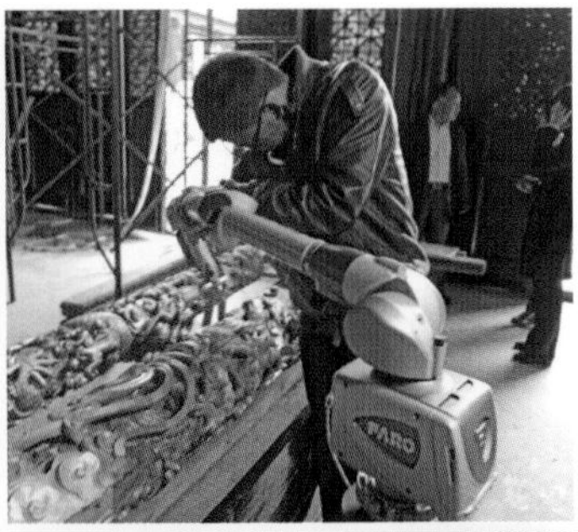

22 | 23
24 | 25

三、神楼的科学收藏

神楼是国家级珍贵文物，又是木制品，对其收藏要严格按文物保护的要求来实行，需要由专人负责，实施专库保管，库房内温湿度恒定，同时满足安全技术防范条件、消防条件，并对环境进行实时监控。为此，博物馆选择在文物 1 库内存放神楼，并按相关要求对 1 库进行专门改造，力求对神楼实施专业的保护。具体工作如下：

1. 改造东院库房内部，对其内部结构进行加固处理；在外墙添加钢网后砌筑外墙，加强实体防护。（图 26、27）

2. 分层放置神楼构件，把梁架和屏门部分放置于架空铁架上，八个木箱放置在地面，并作架空处理，防止白蚁蛀蚀。（图 28—30）

3. 购置恒温恒湿设备对库房室内温湿度进行 24 小时控制，温度控制在 20—25 摄氏度，湿度控制在 50%—60% 之间。

4. 安装安防和消防设备，保证文物安全。

26 | 27

28 | 29 / 30

伍

神楼的数字化保护

当下，数字化技术已经应用到文物保护各个领域，包括古建筑及其构件的保护和开发应用。为了最大限度地留住神楼的信息，为将来的保护利用服务，广东民间工艺博物馆在 2016 年底神楼展览结束后，委托北京文物局重点科研基地——北京工业大学（以下简称“北工大团队”）对神楼进行三维信息采集，实施数字化保护。

一、数字化保护背景

（一）数字化保护的必要性

将三维数字化技术运用于番禺神楼的保护非常必要，但也存在着技术上的难点。

首先，通过利用现代信息技术，收集整理相关数据，建立三维模型，为今后番禺神楼的修缮和复原工作提供精细的、精确的基础数据。神楼主要构件以木材为主，在广东地区这种温暖湿润的气候条件下，即使经过防腐处理，依然存在易腐朽、易老化、易变形、易着火的材料特性，这种材料特性导致神楼，尤其是神楼的精细构件即使经过精心的保护，以现有的科技条件依然无法做到永久保存、不受损坏。因此三维数字化的采集技术的运用十分必要。

二是可以更好地处理开发利用与保护的矛盾关系：数字化的三维建筑模型，可以方便地用于研究、传播神楼的价值，并减少展示利用对实物的损伤，更好地将神楼这一历史遗存中所蕴含的历史文化信息与艺术精华传承下去。

三是能将精确的三维数字化模型替代实物，用于文物的研究：为文物保护工作走向现代化、数字化作出有价值、有意义的尝试，积累宝贵的数字化保护经验。

不过，神楼的数字化保护也存在不少难点。神楼虽然体量上没有常规的古建筑大，但也属于大型建筑类的文物陈设，承载的信息极为丰富。其上雕刻的人物、花草、小兽等纹饰，都非常精美，蕴含着大量清末珠江三角洲地区的历史文化信息，具有极高的文化艺术价值。如何在尽可能获得整体毫米级精度三维信息的同时，采集到所有单个构件的更为精确的亚毫米级几何信息以及高还原度的纹理色彩信息，成为这次数字化保护工作的首要难点。

神楼上的构件雕饰精巧，但全部由木材雕刻而成的，因此其本身的材质远比传统砖木结构建筑脆弱；除了其本身材质易损之外，神楼自身因为具有可拆卸的特点，如若拆卸不当，也可能会在这一过程中遭到破坏，当破坏发生时，因其本身的资料不充足就无法对神楼进行完整复原。因此，对于这种保存完好，同时又包含大量历史信息的文物，必须作为重点保护的对象，并利用一切可能的先进技术手段，在对文物扰动最少的前提下，尽最大的努力对其全部资料进行完整、真实的保存和传承。

长期以来，由于历史原因，对于神楼本身的历史资料保存一直都不完整。特别是随着社会的发展和新兴工艺的产生，有不少传统木雕工艺逐渐失传。因此，对神楼构件的高精度采集、整体结构的关系分析与组装记录，甚至通过构件的高精度模型，建立虚拟组装资料库，都成为本次数字化保护工作进行初期需要重点考虑的方面。

最后，由于神楼结构关系复杂，相互遮挡的地方非常多，对于三维采集的完整性及真实性都是巨大的挑战[1]；神楼雕花精细复杂，需要采用极高精度进行三维数字化采集，但其整体尺寸却接近小型建筑，体量较大，在如此高精度的信息采集之下，总体数据量必然存在过于庞大，导致计算机无法承载等诸多问题，这些都是在此次数字化保护工作中需解决的难点问题。

1 白成军：《三维激光扫描技术在古建筑测绘中的应用及相关问题研究》，天津大学硕士学位论文，2007 年。

（二）保护难点的解决方案

为了解决以上难点问题，北工大团队对神楼的数字化保护技术进行了系统的分析研究，从而提出解决方案。

首先，编制系统科学的技术方案及实施方案，配备相应的各专业技术人员及多层级软硬件设备，协同工作，建立完善的系统化管理机制。

其次，考虑到数据量与数据精细程度的矛盾，从数据应用的角度将最终数据分为数字存档，科学及文化研究专用的高精度模型和展示、虚拟拼装、文化教育产品使用的优化模型等成果，以及多层级数字化成果。利用不同的处理流程进行成果转化存储，并预先设置对应关系。

最后，在文物扫描的最终阶段，引入 BIM[1]、VR[2] 等技术手段，充分利用最新显示技术、研究用高精度模型的几何信息，利用二维贴图方式，以光影及着色器等技术手段，将信息赋予优化模型，使优化模型具有高精度模型近似的视觉效果。并通过核验软件对模型简化率及优化率制定阈值，保证优化模型在大量节省计算机资源的前提下，尽量

---

1 Remondino F, “Heritage recording and 3D modeling with photogrammetry and 3D scanning”, Remote Sensing, vol. 3, 2011, p.1104 - 1138.

2 饶金通：《古建筑的三维数字化建模与虚拟仿真技术研究》，厦门大学硕士学位论文，2006 年。

保证其精度损失降低至合理范围内[1]。

通过以上解决思路，神楼的数字化采集工作将在有计划、有条理、有依据的科学方案下实施，保证同时实现高效率的工作及高精度的资料存储。

二、信息采集与处理

（一）本项目技术难点及解决思路

三维几何信息采集设备，由于其不同的采集原理和设计，一般来说每种采集设备都有对应的采集方案，但总体来说，采集精度越高，则单次采集面积就越小。其原因在于每次采集数据都有信息承载上限，同尺寸内，精度越高，所包含的点云数据或模型数据量就越大。因此，通常情况下，体积庞大（长宽超过 2 米以上）的物件三维采集多采用站式激光扫描设备，其精度在 4—5 毫米左右；而精细纹饰采用栅格光或手持、机械臂等采集设备，其精度最高可达到

1 Levoy M.,Rusinkiewicz S, Ginzton M, The Digital Michelangelo Project: 3D Scanning of Large Statue, Conference on Computer Graphics and Interactive Techniques, 2000，p.131－144.

0.01 毫米左右。

然而在本项目中，这种常规采集方式却无法满足项目需求，原因在于：

1. 神楼整体体量庞大，仅木箱就有 4.2 米长，体量已接近小型建筑。而项目要求最终要呈现神楼完整形态，理论上来说，应采用激光站式采集设备及技术手段。

2. 神楼是典型广东历史建筑，其构件中包含大量精美木雕。这些构件雕饰精巧细致，数量惊人，如果从完整保留雕刻细节的采集方案考虑，则必须采用如栅格光、手持、机械臂等高精度三维信息采集设备。

3. 番禺神楼有大量金漆木雕，这种高反光材质虽华美精致，却难以被准确采集。由于现代三维采集技术几乎所有采集原理都是基于图像和光的漫反射传播，对于高反光、反射路径统一的镜面、金银器等三维采集极为困难，对设备及方案挑剔性极高。

因此，本项目需要将现阶段所有采集方案结合，采用创新采集方案，利用大范围站式激光采集作为整体控制骨架，防止多次小范围精细采集产生的误差在整合过程中出现不可控的累计误差，同时利用具有高灵敏度高精度的采集设备获取雕饰信息，保证细节数据的完整真实，利用摄

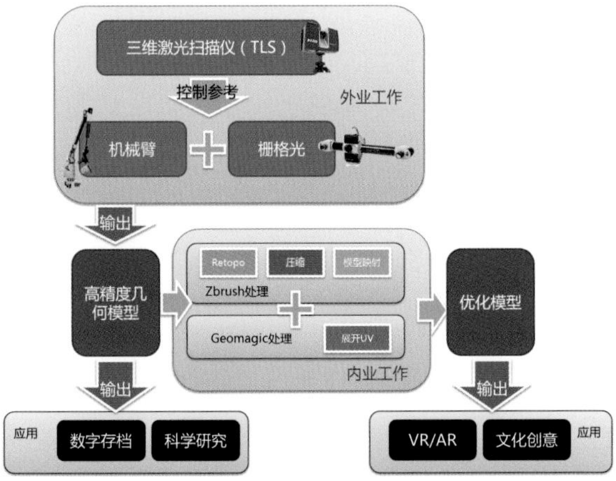

1 |

影测量技术采集金漆雕刻，获取神楼全部几何信息。

同时，出于最终完整性展示及利用的需求，需要将所有采集手段获取的数据汇总。然而，这种精度达到 0.1 毫米，体积却近似建筑的巨大构件数据如果全部采用原始信息，其数据承载量将超过数十亿个信息点、几亿个三角形，所有主流计算机受到内存和计算能力的限制，根本无法打开，更不用说浏览及利用。因此，必须利用现阶段次世代游戏行业的最新 PBR 物理硬件渲染图形图像技术，将所有高精度信息利用视觉效果差异，"烘焙"至优化精简的数据上才能解决项目需求问题。

（二）采集与处理技术路线

由于项目的特殊性和困难性，该方案与北工大团队合作，创新利用了混合式全信息采集方案。（图 1）

该方案的流程创新性在于：

1. 几何信息采集方面：在利用 TLS 站式扫描仪整体测量神楼的大体量构件的同时，又将其获取的数据作为构件级信息采集的控制测量基础，即以三维激光地面扫描仪获取的数亿空间坐标点为控制参照坐标系统，对高精度栅格光或机械臂数据进行对照修整，保证了高精度数据在拼接过程中将整体误差控制在三维地面激光扫描仪的精度之内，解决拼接累积误差问题。

2. 色彩信息采集方面：利用摄影测量获取与肉眼所见最为贴近的色彩信息，形成摄影建模计算出来的特殊几何模型。这种几何模型精度不高，但色彩信息极为准确，通过对色彩边界的识别，可以与几何信息的几何边界相互对照互证，保证色彩信息在几何空间位置的准确性。这种利用计算机通过特征提取，并调整材质坐标的色彩信息赋予方式，其准确度、便利性均远远高于业内常见的手工拆分贴图坐标技术方案。

3. 在最终成果输出方面：创新性引入最新 GPU 硬件图形图像技术及虚拟现实技术，将海量几何信息制作成两个版本，一个是带有高精度细节信息，但整体拆成数十小块的“细节信息”版本（通常称为“高模”，即高精度几何模型），一个是将精细雕刻简化计算，生成整体模型骨架的“框架信息”版本（通常称为“低模”，即优化模型）。然后通过“烘焙”技术，将“细节信息”版本的细节内容以法线贴图技术，在视觉上赋予“框架信息”版本模型，并通过 PBR 物理渲染技术，将构件的光滑度、反射度等信息同时赋予构件，最终整合渲染呈现。

该方案的优点在于最终成果具有极大的使用价值，可以用于数字存档、科学研究，同时也可以用于 VR、AR、文创等文化传播应用。数据兼具观赏性、实用性及科学性、严谨性。缺点在于所需硬件设备非常严苛，不但需要各种采集精度的大量硬件储备，同时需要特别使用可采集高反光、黑色材质的高灵敏采集设备。整体方案流程较为复杂，对于技术要求很高，制作流程也较为繁琐，需要工作人员掌握大量三维采集、数据处理、数据优化，乃至虚拟现实制作等多个行业领域的专业技术，对于制作团队的技术能力要求很高。

（三）采集工作实施

1. 外业三维激光信息采集

神楼项目涉及几乎全部采集设备及采集方案实施，并且需要在内业整体融合时进行数据配准协调。因此在 2016 年 11 月，北工大团队启动番禺神楼数字化保护工作之初，仅外业工作就专门派出了一个 12 人的大型采集团队，按照不同分工，分两个小组来完成本次神楼整体数字化模型信息采集工作。

外业工作组每个小组设 6 人，其中 2 人负责进行高精度构件的采集，2 人负责整体数据骨架采集，另有 2 人负责拍照记录及摄影测量工作。并且，由于前文所述该项目的采集难度，在采集设备筛选上，北工大团队门采用了 Z+F 站式三维激光扫描设备及海克斯康高精度测量臂（配三维扫描头）。整体外业工作流程为：先采用 Z+F 站式扫描仪进行整体三维激光扫描，然后由专人进行拆卸，每拆下一根构件，都采用海克斯康高精测量臂进行高精模型信息采集，同时从各个角度大量拍摄每一个构件的照片并详细的记录，然后将照片发送至北工大数据中心进行摄影测量建模。

由于神楼本身体量庞大，雕饰精美，结构复杂，对于扫描精度及还原准确度的要求极高，普通三维采集设备很难完全真实的还原当时精美的雕刻技艺。因此，早在项目方案设计阶段，北工大团队就对构件进行了整体及部分细节的测量实验，并根据最终成果要求对设备进行了筛选。

针对神楼及木雕，北工大团队门选择了精度、灵敏度、容忍度都很高的两款采集设备：作为数据控制骨架的 TLS

2 | 3 | 4

站式激光扫描仪上，选择了德国的 Z+F IMAGER 5010C（图 2）；而针对雕饰花纹高精度采集，则选择了当时相对少见的瑞典海克斯康（HEXAGON）机械测量臂。

在以往的文化遗产数字化采集工作中，我们最常见的是由法如 FARO 公司生产的 Focus3D 系列扫描仪，因为其重量轻，全自动，便于携带与工作。但是经过大量测试，在工作稳定性、数据精度，以及内置摄像头色彩采集能力方面，Focus3D 系列扫描仪表现均不及 Z+F 扫描仪。尤其在广东这种较高温湿度的条件下，经过长时间工作，FARO 便携扫描仪在 1.5 米范围内会有一定数据畸变，产生较大误差。而本项目中，激光站式扫描仪除了获取几何信息外，还有一个重要作用是为机械臂采集数据做整体拼接控制，因此必须选择更为稳定、准确的 TLS 扫描仪才能减少后期产生误差的可能性。（图 3、图 4）

而精细采集方面，采用在当时较为少见的附带外接式激光扫描测头的海克斯康（HEXAGON）机械臂。（图 5）

5 | 6

2. 色彩纹理信息采集

在本次保护采集中采用了 Z+F IMAGER 5010C 站式激光扫描仪，这款设备本就内置了 HDR（高动态范围）相机，其点云色彩效果远远好于其他站式激光扫描设备，仅次于利用单反外置拍摄的色彩效果。然而，为了更好的获取木雕的色彩纹理信息，并利用摄影测量技术对照生成后期材质，北工大团队不仅用扫描仪采集，同时又用单反相机进行了大量拍摄。（图 6）

为了准确还原神楼不同材料的质感，本次拍摄均以每 5° 一个拍摄位置，以单幅照片 1/3 的覆盖面积为重叠信息，拍摄了数千张高分辨率照片。在同一个构件上，团队采用手动控制曝光，保证单个构件最终色彩信息的光照状态一致。但由于构件众多，很难保证每一个构件的拍摄光照条件都能完全一致，因此，这些照片最终将以记录全部信息的原始信息—RAW 格式输入至计算机，利用 Adobe LightRoom 软件进行统一化管理及曝光调整，确保神楼最终整体的颜色信息及光照控制完全吻合。

在整个外业采集阶段，12 人团队通力合作，利用站式激光扫描仪获取拆卸前的整体数据，测量臂获取拆卸后的单个构件的高精细模型数据，并通过单反相机摄影测量构件色彩信息。不仅准确高效的采集了整体的现状信息，后期还可以依据整体的形态进行虚拟复原。

3. 数字化模型处理

前期方案中由于多种硬件采集设施的使用造成技术条件要求门槛很高。同时，多硬件混合采集使所获取的数据格式不统一，需要进行格式转化。

高精度采集保存雕饰细节，海克斯康设备每次采集的数据面积就会大幅减小，单次采集面积仅约 0.5 平方米。而现阶段所有数字化模型都会有采集误差，即使误差仅有 0.1 毫米，在数千个数据全部整合的过程中，必然会产生极大的累计误差。因此，在这个方案中，需要利用 Z+F 获取的整体精度为 5 毫米的点云数据作为作为神楼的整体“骨架”，并将海克斯康获取的模型“皮肤”，一片一片准确的贴附在“骨架”上，这样，神楼整体的拼接累计误差不会超过 5 毫米。

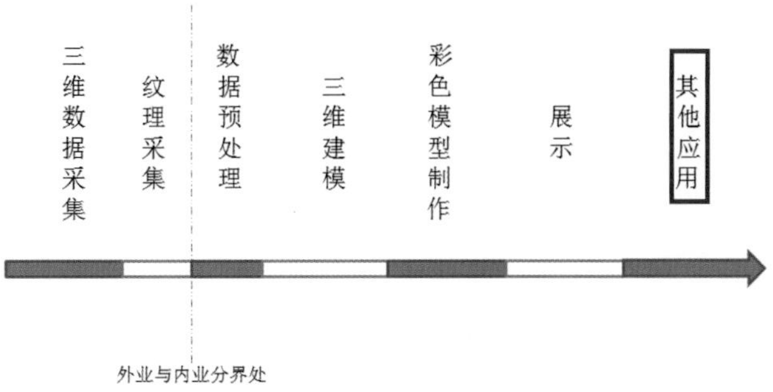

7 |

然而，这个“贴赋皮肤”的工作并不是一帆风顺的。由于采集“骨架”的激光站式 Z+F 设备采集的数据为由海量点构成的点云格式，而利用海克斯康机械臂获取的数据则为三角面构成的 Mesh 模型格式。这两种格式互不兼容，且点云格式仅仅包含了模型格式的顶点信息，两种数据无法直接进行匹配。所以，必须要通过数据格式转化，将点云数据转化为模型数据（如果模型数据转化为点云数据，就会丢失大量信息），才能完成这种高精度的匹配工作。这个流程中，涉及逆向工程（点云转化模型）、空间坐标配准，以及模型数据优化等多个技术处理流程。

本项目最后需将精细的数据“烘焙”到优化模型上，这要求数据格式的统一、配准以及色彩信息的匹配，其中涉及很多模型的处理工作。这对于模型的逻辑拓扑关系要求就更加严格。因此，如果不经过系统而准确的规范流程，几乎不可避免后期工作量急剧增加。北工大团队专门针对番禺神楼构件数字化模型处理设计了一套完善的处理流程（图 7）：

（1）预处理阶段

首先，每次扫描面积有限，因此要获得完整神楼数据，

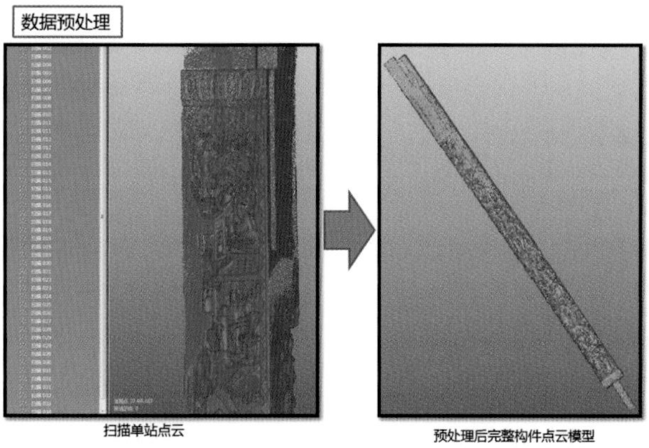

8 |

都需要少则几十、多则几百个单次扫描数据进行配准。现阶段配准技术都是需要在每个配准数据之间扫描一部分相同区域，并通过相同区域的几何特征将多站数据统一在同一坐标系下。然而，所有基于激光飞时测绘（TOF）原理的三维采集技术，都会面临漫反射随机性问题，即一个激光点打出去，在光斑面积内可返回接收器的具体位置难以知晓；同时，还存在激光返回的时间计算测时器精度问题。因此点云数据上，每一个点都是在三维空间的一定范围内（如精度 4 毫米就是在 4 毫米范围内）随机波动。所以单次扫描误差在现阶段的技术条件下是无法消除的，因此多个数据拼接后必然会产生误差的不断累计，最终超出项目精度容忍范围。而现阶段最好的解决方案，就是通过整体控制，将误差分散在所有数据中，这叫数据的对齐平差。（图 8）

神楼的整体体积较大，单次扫描面积又很小（由于单次采集精度高），因此更需要在整体上进行控制。而 Z+F 获取的数据通过 Remesh 后，就成为一个总体误差不超过 5 毫米的整体骨架。在进行数据拼接时，首先通过特征提取，将所有机械臂的精细扫描数据贴附在 Z+F 采集的数据上，然后在进行限制移动及旋转范围的特征配准，并多次微调，最终可以完成数据的预处理。

（2）三维建模阶段

神楼项目的高精度要求、高还原要求及其重要程度，以及最终成果对于色彩、观感的准确性要求，都是单纯彩色点云数据无法满足的，因此三维建模环节必不可少且至关重要。然而，点云数据转化为模型数据，会面临许多难题。点云数据转化模型数据属于信息添加工作，即计算机必须根据有限的点，将这些点的空间关系进行逻辑排列，然后在点间连线，最后通过这些边创造模型几何面及逻辑关系，因此这种近似预测的算法就像技术人员根据神楼“骨骼”绘制“容貌”，这个步骤叫做 Remesh。在 Remesh 的过程中，由于信息不足，产生的模型普遍会产生大量的孔洞、尖锐角、无序的噪波，尤其是不合理的模型布线逻辑结构，这些都会在后面数字化的过程中产生难以预估的工作量。

数字神楼项目的模型处理，与传统模型制作最大的区别在于“原真”，即最大限度的反映神楼的本来面目，如非万不得已，绝对不会进行人工的制作与修整。因此本项目首先会利用三维点云、机械臂模型数据与摄影测量模型数

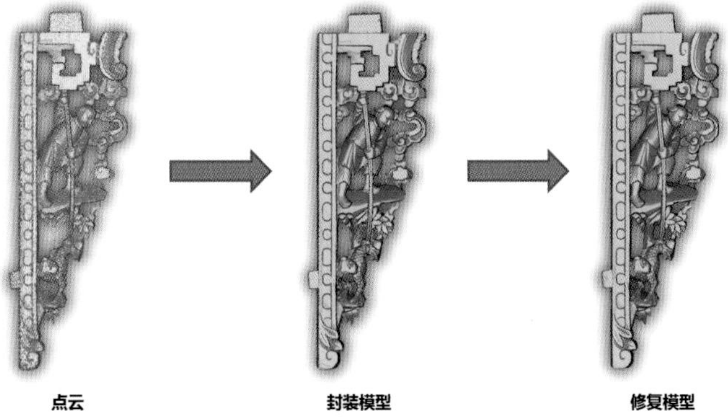

9 |

据进行互证。也就是说，如果一个数据在 Remesh 的过程中产生了孔洞，团队并不会以逆向处理工程中常见的处理手段，去直接利用“曲率预测”填补孔洞，而是会从别的扫描数据中提取这个缺失的部分进行补充，最大化利用原始数据。（图 9）

（3）彩色模型制作阶段

经过前两个步骤，神楼初步几何信息已经全部完成，然而其数据量极为巨大：每一个构件都由数千万个多边形组成，数据精度达到 0.1 毫米，且全部为携带尺寸的原始信息。但同时，每一个构件模型文件都有 1GB 到 5GB 大小，这些构件如果再组合为完整神楼，其数据量会超过 100GB。而现阶段主流计算机无法打开超过 5000 万面、大于 4GB 的单一模型数据。

因此，神楼的原始数据如果不经过特殊优化、压缩处理，根本无法在任何一个主流计算机中打开，更不用说浏览与使用。在制作过程中，这些原始数据在工作人员的图形工作站上，每改变一次观察角度都需要半分钟以上的处理时间。这样的原始数据不但无法使用，更影响后续数字化成果在文化教育、知识普及及后续产品开发的扩展。因此必须在高精度模型的基础上，制作更容易调取、使用，

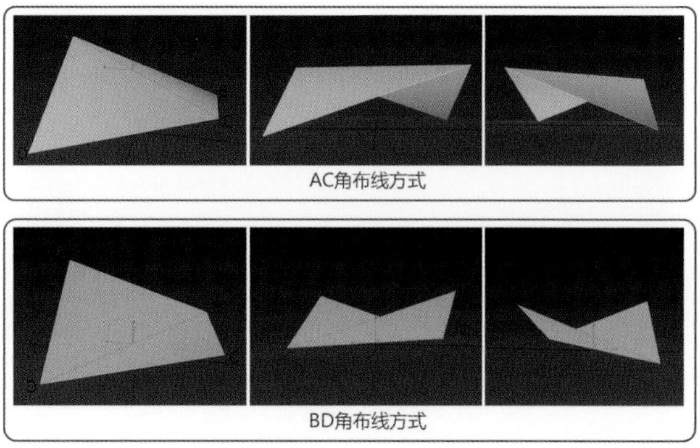

10 |

观感上也更加直观的优化模型，并将色彩信息准确的赋予优化模型。而这一系列优化工作，最重要的就是重拓扑（Retopo）技术。（图 10）

三维模型是由点、线、面三个基本元素构成的，只有三角形的边具有稳定的几何关系，即每一个点都与其他点相连，且三个点构成了一个面的空间位置，不会产生分歧。然而在立体空间中，四边形由于内部线的连接方式不同，会产生两种截然不同的结果，这就是模型的拓扑结构。

模型的拓扑结构是否合理，直接决定了后续模型可优化的程度，一个正确的拓扑结构可以让数据量压缩至原始数据的 10% 而依然不会改变形体特征。但是点云在 Remesh 的过程中，由于现在没有算法可以根据点判断最终形态，也就是说在计算机的认知里，这些数据仅仅是“0”和“1”，而不是“这是一个雕刻”或“那是一个柱子”，因此 Remesh 算法在建立模型拓扑结构的时候具有极大的随机性，其 Remesh 的结果也必然是拓扑结构比较糟糕且混乱的。这样的拓扑结构后期压缩和优化的能力都极其有限。

番禺神楼拥有大量的复杂雕饰和庞大的体积，混乱的拓扑结构及最终高度优化展示的需求成为了项目中技术环节最大的矛盾，也是亟需解决的最大难题。如果不进行重拓扑，则数据难以压缩，更难以使用和展示，如果进行常规人工重拓扑，那大量的扫描数据重拓扑工作会严重拖慢项目执行进度，甚至导致项目无法按期完成。

经过多次技术试验，最终在番禺神楼数字化保护中，北工大团队没有按照业内常规处理去大量人工重拓扑，而是采用了数字雕刻技术完成模型优化及色彩制作工作。

数字雕刻技术是 2003 年左右出现在三维建模行业中的，数字雕刻软件的特点是，利用大量的模型面（通常为数百万个以上）将模型模拟为一块胶泥，并用鼠标作为雕刻刀在“胶泥”上雕刻。数字雕刻技术的最大特点是对显示算法做了极限优化，使其在有限的计算能力下可以同时处理数千万乃至数亿个多边形，但是同时，数字雕刻软件由于面数过多，往往只能利用渲染软件输出静态图片作为最终成品，因为它的三维模型数据很难在其他主流三维制作软件中打开。

不过，随着计算机艺术领域和游戏制作领域对于数字雕刻技术应用的不断加深，这项技术也逐渐开始加入模型优化算法，并且还相当优秀。传统流程下，艺术家们需要专门手工利用如 TopoGun 等重拓扑软件手工制作重拓扑模

11 |

型；然而就在 2014 年，作为数字雕刻软件的先驱和佼佼者，Zbrush 增加了两个重要功能，为这次按时完成神楼的采集数字化工作提供了保障：一个是模型压缩，一个就是自动重拓扑。

在之前的文化遗产保护项目中，由于数字艺术行业较为小众，即使是三维扫描厂商也很少应用，大部分技术在推广的过程中，依然遵循着逆向工程的工作流程，即三维采集的数据利用以杰魔（Geomagic）为代表的的逆向工程软件进行处理。以 Zbrush 为代表的数字雕刻软件很少出现在像神楼数字化这样的项目当中。

为了试验该技术的可行性，在神楼项目开展初期，北工大团队利用陈家祠灰塑扫描数据专门进行了数据压缩、重拓扑对比实验，证实了在同样压缩比之下，以 Zbrush 为代表的数字雕刻软件在最终数据精度、呈现效果等各方面均远远优于以 Geomagic 为代表的的逆向工程软件（图 11），同时也证明了在神楼项目中，利用数字雕刻软件进行大规模数据优化的可行性和优越性。

Zbrush 的减面大师和自动重拓扑功能 ZRemesher，可以在几秒钟以内，完成原本人工需要数小时才能完成的重

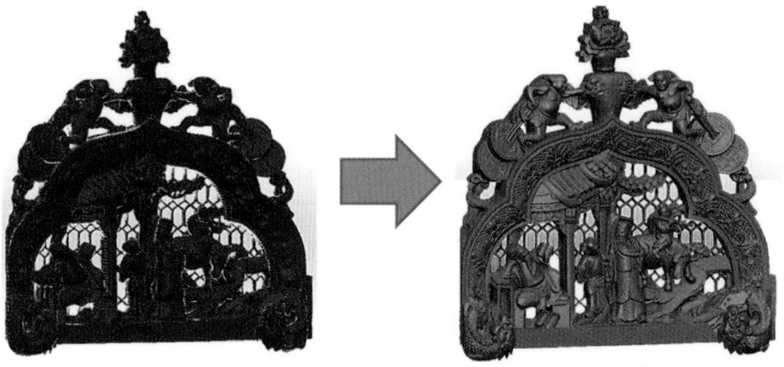

12 |

拓扑功能，并将数据量减少至原来的 1%。因此，在数字雕刻技术的帮助下，本项目用 Zbrush 将布线混乱的高精度原始模型快速转换为极小数据量的优化模型，且视觉效果几乎无影响。而布线更为合理的优化重拓扑模型也可以快速生成与原始模型相比多边形面数相近，且拥有与原始数据同样精细程度的优化高精度模型。同时，在对三角网 Mesh 模型的纹理映射上，北工大团队采用了先进的 PTEX 技术，省去了传统繁琐的手工 UV 划分环节，节省了许多内业工作。（图 12）

传统的模型展示，在最终色彩的处理上，大多直接将照片贴在模型上。如果是哑光或漫反射表面，这种做法问题不大，然而对待像亮面油漆，乃至金漆这样的高反光表面，照片就出现了很大问题。反光所产生的高光亮点是作为色彩信息直接贴在模型上的，而不是真实反射了周围的光源，因此这种传统方式制作的模型就像在黄色的纸张上用手绘制了反光和阴影。即使光源发生变化，观察角度变化，其高光和反射内容依然不会改变，这样一来，三维数据所产生的立体感也大大减少，更不利于后期虚拟现实产品的开发。

13 | 14

本次神楼项目，北工大团队采用了物理渲染（PBR）技术，即每一个构件都有自己的物理属性信息，如表面粗糙度，反射能力，金属质感等信息。这些信息会根据真实空间环境即时计算，反映出真实的质感效果。这种技术，需要多层贴图实现。再加上PBR处理软件SubstancePainter，这项技术可以预先设置各种质感，并做成预设材质库存储在信息库中，同时针对环境的反射性质、部分锈迹及腐蚀效果等进行了专门的制作与处理，实现了在不同光照、不同环境下，色彩对于周围光照条件变化所产生的真实质感（图13、14）。

三、小结

（一）保护实施的经验与不足

本次保护项目是基于对神楼自身的文物价值的发掘、认知、记录及保存，进而进行三维展示传播的数字化保护技术应用的有益探索，取得了丰硕的成果，也获得了宝贵的经验，在我国大型陈设类文物三维数字化保护领域具有重要的代表及示范意义。

针对神楼这种独特的、工艺精美、构造复杂的大型陈设，为保证获取文物信息的完整性、真实性及高精度，北工大团队创新采用了“TSL+机械臂+倾斜摄影”三位一体的技术方案，多技术交叉融合，内外业协同互动，最终高效高质量地完成了任务。

在数据成果方面，考虑到数据量与数据精细程度之间的矛盾，团队采用了“数字存档级——研究应用级——展示浏览级”三级数据管理存储技术，优化不同的处理流程，进行成果转化存储，并预先设置对应关系。该项目对于海量数据的处理及优化也提出了极高的要求。传统的逆向工程技术在处理神楼构件数字化模型时，其人工干预的程度和低下的处理效率，以及处理后大量需要人工修复的瑕疵都不适合于本项目的要求，针对此项目专门设计的优化流程及技术开发为未来文物数字化保护工作积累了宝贵的经验。

同时，本次保护针对的是特殊的南方传统建构筑物及大型陈设，三维采集实施团队并不熟悉其复杂的构造关系，工作具有一定的难度；但在相关研究专家的大力配合下，各专业配合沟通，协同工作，最终圆满完成了此次项目。

（二）数字化模型成果应用与拓展

三维数字化经过工业与科技的飞速发展，已经逐步地走向大众化。在我们的生活中，数字化无处不在，现今大部分信息都成为数字化信息，并且数字信息的传播也已远超原有的信息传播方式。人们依赖这种方式，因为它传送高效、形式灵活、方便使用，更重要的是它使人们可以自由选择信息的使用方式并加入到信息的再创造中。

文化遗产作为过去信息在今天的具体表现，不论是物质的还是非物质的，都处在消失的边缘。过去我们总是会叹息于文化的逝去，却对那些正在消失的文化束手无策。时至今日，随着数字技术的飞速发展，现今数字技术广泛应用可以让我们以更好的方式去保护文化。一些正在消失的文化也可以通过数字技术延续生命，已经消失的文化遗产更是以此获得新生。[1]

1　秦境泽：《文化遗产数字化保护问题研究》，兰州大学硕士学位论文，2012 年。

联合国教科文组织在前几年提出“文化空间”的概念，指出文化遗产与其所存在的周边环境是密不可分的。数字技术的应用，可以使博物馆在不影响原有文化遗产本体的基础上,通过虚拟技术,使观众认识了解到文化遗产的内容。

对于具有空间结构信息的文物来说，三维数字化模型存档是现今最先进的技术保护手段，它不仅能够保留影像、几何信息，还能保留当前状态下文物的形态信息，这是在以往的技术手段下不能实现的。在三维数字化存档的基础上，还可以根据三维数据对文物的相关信息进行二次甚至多次利用，此次针对番禺神楼就不断引入现代先进数字化技术，对神楼本身及其构件进行高精度三维数字化采集与保存，以期让神楼延续生命，使其文化价值不断得到升华。

传统手工艺在一代代工匠间用匠心传承，形成了根深蒂固的优秀传统文化，在冲突、碰撞和融合的时代大背景下，传统手工艺不断受到冲击，但是作为中华民族传统文化中“活的灵魂”，作为传统文化中的“根基”，对传统手工艺的保护传承是必要的，也是必须的！

对传统文化的保护不只是要保护文物的本身，更要保护与传承它的技艺和文化精神内涵。因此我们在传承传统手工技艺的同时，也应肩负起创新以及保护的重任。我们综合传统的摄像、测量、绘图等多种手法，使用三维激光、AR、AI、互联网等现代高科技手段，将其运用于构建传统手工艺艺术数据库及云平台。由此保存的数字化信息，可以更方便地用于文物的虚拟复原、场景再现甚至真实复建等，这将更有利于文物历史文化价值的延续与传播。

后 记

本书全方位呈现馆藏国家级珍贵文物番禺神楼的历史、艺术和文物价值，体现了广东民间工艺博物馆长达六十年的搜集、保存、保护、修复以及向广大公众展示这件珍贵文物的努力，凝结了“让文物活起来”的成果。

自 2015 年始，围绕番禺神楼，时任馆长黄海妍和牟辽川书记策划与统筹了与神楼相关的整理、修复、还原、展览及数字化项目，并决定出书记录下本馆保护利用神楼的漫长历程。之后，黄海妍馆长制定了本书的创作思路和架构。在她的统筹下，各部门齐心协力参与书稿的编撰，并得到了北京文物局重点科研基地——北京工业大学的支持。各章节分工如下：黄海妍撰写《清代番禺的南海神洪圣王崇拜》和《番禺冈尾社十八乡“洪圣王出会”活动》，并与谭倚云合写概述；石浩斌撰写《从艰难保护到科学保护》，并与谭倚云合写《神楼的发现、修复和展览》；谭倚云撰写后记；北工大团队肖中发、刘科、孙大勇等撰写《神楼的数字化保护》，刘佳进行了修订。伍伟帆负责拍摄番禺神楼全貌及展览照片，石浩斌、施青飞、刘佳负责整理与编排“神楼金韵”篇中的图片和图片说明；李小铧协助对部分图片进行编辑与加工处理。最后，刘佳、谭倚云负责本书定稿的校对及相关编辑工作。

北工大团队除了惠赐稿件外，还提供了相关数据、图片；已调离广东民间工艺博物馆的原书记牟辽川一直关心本书的编撰工作，提出了许多宝贵意见，并鉴别、释读出神楼部分构件纹饰的题材故事；深圳大学饶宗颐文化研究院陈雅新老师也帮助解读了部分纹饰。特此表示衷心的感谢！

编者

2020 年 6 月

图书在版编目(CIP)数据

番禺神楼 / 黄海妍主编 . -- 北京 : 商务印书馆 , 2021
ISBN 978-7-100-19823-3

Ⅰ . ①番… Ⅱ . ①黄… Ⅲ . ①木结构—古建筑—研究—番禺区 Ⅳ . ① TU-092.965.4

中国版本图书馆 CIP 数据核字 (2021) 第 064585 号

番禺神楼

黄海妍 主编

商 务 印 书 馆 出 版
（北京王府井大街 36 号 邮政编码 100710）
商 务 印 书 馆 发 行
南京爱德印刷有限公司印刷
ISBN 978-7-100-19823-3

2021 年 9 月第 1 版　　开本 889 × 1194 1/16
2021 年 9 月第 1 次印刷　　印张 $9^3/_4$

定价：168.00 元